科学好好玩

神奇的煤炭2

熊志建 编著

科学出版社

北京

内容简介

本书是《科学好好玩：神奇的煤炭》之续作，借由爱好科学的小学生艾科学的视角，从当前社会关注的温室效应、全球气候变暖等热点事件出发，用故事的形式讲述煤炭的相关科学知识。用故事发展脉络与人物对话，把科学知识、科学方法、科学理念嵌入其中，使读者在潜移默化中掌握科学内容。

本书着重从煤炭的作用和重要影响等方面进行故事创作，普及煤炭知识，目的是希望读者可以了解气候变化、了解煤炭不为人知的知识，共同珍视地球资源，为未来创造更好的生活环境。

图书在版编目(CIP)数据

科学好好玩：神奇的煤炭. 2 / 熊志建编著. —北京：科学出版社，2023.3

ISBN 978-7-03-074566-8

Ⅰ. ①科… Ⅱ. ①熊… Ⅲ. ①煤炭—普及读物 Ⅳ. ①TD94-49

中国版本图书馆CIP数据核字(2022)第255053号

责任编辑：张　婷　王亚萍 / 责任校对：杨　然

责任印制：师艳茹 / 版式设计：知壹文化

编辑部电话：010-64003096

科学出版社出版

北京东黄城根北街16号

邮政编码：100717

http://www.sciencep.com

三河市春园印刷有限公司　印刷

科学出版社发行　各地新华书店经销

*

2023年3月第　一　版　开本：880×1230　1/32

2023年3月第一次印刷　印张：6

字数：80 000

定价：42.00元

（如有印装质量问题，我社负责调换）

科技创新、科学普及是实现创新发展的两翼

要把科学普及放在与科技创新同等重要的位置

……

前　言

2016 年 5 月 30 日，全国科技创新大会、中国科学院第十八次院士大会和中国工程院第十三次院士大会、中国科学技术协会第九次全国代表大会（以下简称“全国科技创新三会”）在北京人民大会堂隆重召开。会上，中共中央总书记、国家主席、中央军委主席习近平发表重要讲话。习近平同志在讲话中明确强调：科技创新、科学普及是实现科技创新的两翼，要把科学普及放在与科技创新同等重要的位置，普及科学知识、弘扬科学精神、传播科学思想、倡导科学方法，在全社会推动形成讲科学、爱科学、学科学、用科学的良好氛围，使蕴藏在亿万人民中间的创新智慧充分释放、创新力量充分涌流。

多年来，中国科学院山西煤炭化学研究所（以下简称山西煤化所）领导班子高度重视科普工作，各职能部门、相关研究室，以及广大科研人员与青年学生对此项工作给予了大力支持。山西煤化所科学普及工作坚持“高端、引领、有特色、成体系”的工作定位，以“服务国家、服务社会、服务中心工作”为工作宗旨，以建设“科普工作国家队”为工作目标，坚持“传播科学知识、弘扬科学精神、宣传科学思想、提升公民素质”的工作理念，立足自身实际，找准科普工作脉络，认真践行科技工作者科普责任和义务，积极做好各项科普工作。

2016 年 12 月，在中国科学院科学传播局的大力支持下，经山西煤化所综合办公室（原党政办公室）积极组织申报，太原市科学技术协会初选推荐，山西省科学技术协会组织专家评审，山西煤化所首次成功获批山西省科普教育基地。2021 年 5 月，再次获得山西省科普教育基地（2021—2025 年）资格认定。

本丛书的编辑出版正是落实习近平总书记在“全国

科技创新三会”上重要讲话精神的具体体现，是落实山西省科普教育基地建设的有力举措，是推进山西煤化所科学普及工作的重要载体，也是全面宣传研究所相关科学技术的重要平台。丛书的编写得到了中国科学院科学传播局、山西煤化所学术委员会、中国科学院青年创新促进会山西煤化所小组等相关领导、专家学者和青年科技工作者的大力支持。丛书在编写过程中也参考了部分书籍、报刊及网络资料，在此一并表示感谢。

全套丛书计划篇幅在 50 万字左右，每册约 5 万字，共 10 册。其中，前 3 册读者主要定位为中学生及以下阅读群体，第 4~7 册主要定位为大学生，后 3 册主要定位为社会非专业受众。

本丛书第一册《科学好好玩：神奇的煤炭》出版后，在社会上引起热烈反响。广大读者通过多种方式与编著者联系，纷纷表达自己读完全书进而对科学知识，特别是煤炭能源知识产生浓厚兴趣的强烈感受，以及对小主角艾科学后续探究科学故事的热切期待。同时，该书已被山西省图书馆收录。编著者应邀为北京市中科启元学校、太原市滨河小学、山西大学附属中学等作科普报告，并获得中国科学院"十三五"科普工作先进个人荣誉称号。

在科学出版社的大力支持下，丛书第二册《科学好好玩：神奇的煤炭 2》即将付梓。希望广大读者在倾情阅读之时，牢固树立并切实践行生态文明建设理念，以助力"双碳"（碳达峰与碳中和）目标早日实现。

因为创作时间和编著者水平所限，书中出现一些错误恐再所难免，同时，随着科学技术的不断发展，人们对事物的认识也将逐步深化，对于书中有关谬误或不足，欢迎广大读者在阅读后及时向我们提出，以便再版时修订。

编 著 者

2022 年 3 月

目录
CONTENT

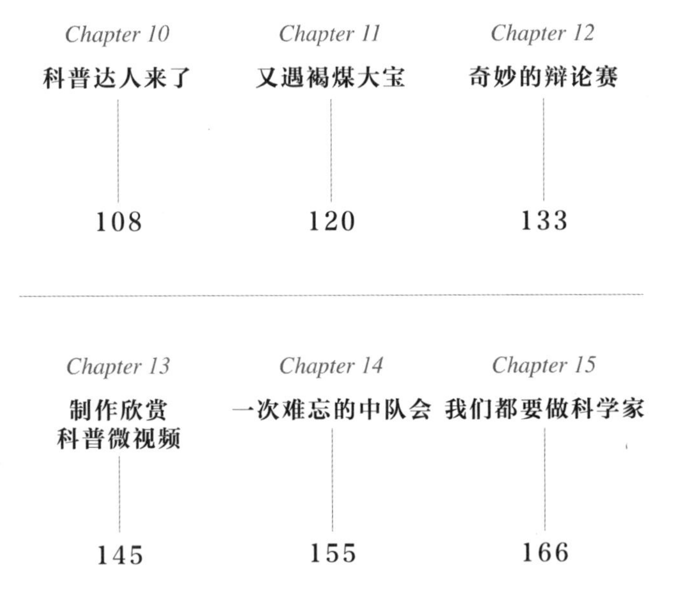

Chapter 1

知其然，更要知其所以然

电视里正在播放的新闻是：北半球多地迎来几十年来最寒冷的春天，而研究人员认为，最寒冷春天出现的罪魁祸首是温室效应。新闻中引用了气象学家的观点，即温室效应的作用使北极冰雪大面积消融。卫星数据也显示，北极冰雪的范围和体积已于 2017 年秋季降至历史最低点。由于北极海冰大量消融，北极地区的冷空气随之南下。同期，原本应该给欧洲带去温暖的大西洋洋流流速变慢，相比 50 年前，流速下降了约 31%，北大西洋和附近大陆板块的气温有所下降。研究者认为冷空气的“力量”大大加强了，而同步的暖空气的“实力”却减弱了不少。此消彼长，出现这种几十年难见的寒冷春天自然也就顺理成章了。新闻最后说道，这种寒冷春天的天气现象，是近年来全球变暖导致的异常现象。

艾科学瞪着大眼睛，看得非常认真和专注，生怕一不留神，就会漏掉什么重要信息。

新闻很短，不到两分钟的时间就播完了。看完这条新闻，艾科学不由得陷入了沉思：自己以前了解到的知识是温室效应会导致气温升高、气候变暖，怎么现在天气变冷和寒冷春天的出现也和温室效应有关呢？温室效应到底是何方“神圣”？它的威力怎么这么大呢？

带着满脑子的问号，她看了看客厅的时钟，已经快到上学时间了。于是，艾科学叫醒了爷爷，请他送自己去上学。

晚上，温素珍看着艾科学吃饭似乎有些魂不守舍的样子，不由得问道：“小可，怎么了？有什么不开心的事情吗？”

听到妈妈关切的询问，艾科学轻轻地放下筷子，偏着头，看着母亲说道：“妈妈，没有什么不开心的事情。就是今天中午您去开会之后，我睡不着，起来看电视的时候，看到了一条新闻。”顿了顿，她又继续说道：“新闻里说，因为温室效应的作用，北半球很多国家都出现了最寒冷的春天。”

听到女儿这么说，温素珍不由得在心里笑道：这个鬼丫头，原来是她那求知欲极强的小脑瓜又开始发挥作用了。

“哦？小可，原来是这么一回事呀！怎么，你有什么问题吗？”温素珍笑着问道。

“妈妈，您看，不是说温室效应会导致气候变暖吗？怎么最寒冷的春天也和它有关系？这不是自相矛盾吗？”艾科学认真地问道。

听到艾科学这么一说，温素珍不由得一愣，心里暗自说道：嗯，小可这个问题问得好啊，还真是抓住了关键点。包括自己在内，其实许多人对温室效应都是一知

半解，并没有系统地了解过。凭自己以往的印象，还真的是像女儿说的那样，温室效应主要会导致气温上升，进而引起全球变暖。现在，这天气变冷也要归咎于温室效应，貌似还真是有些矛盾呢。

想到这里，她对艾科学说道："小可，嗯，你说得也有一定道理。表面上看，这两件事似乎有些矛盾。不过，你不要着急，告诉妈妈你中午是从哪个频道看的新闻，妈妈现在回看一下这条新闻。"

嘿，艾科学喜欢科学，还真是受她的父母都有这种寻求真知、探究真理的精神影响啊！这不，温素珍也顾不上吃饭了。她站起来，快步来到客厅的电视机前。

"妈妈，是新闻频道"，艾科学回答道。

听到女儿说话的同时，温素珍已经打开电视机，选择了回看模式。

很快，温素珍就看完了这条新闻。她心想：嗯，原来是这么回事啊。新闻里解说的还是比较清楚的，只不过由于艾科学年龄还小，虽然她已经比同龄的孩子出色不少，但因为年龄的限制，她对新闻里所阐述的观点，理解是不足的。

“小可，是这样的。这条新闻所说的现象和我们通常所了解到的有关温室效应影响的知识，似乎是有些矛盾，”温素珍看着艾科学一脸懵懂的样子，笑着继续说道：“但其实呢，还真的不矛盾。”

听到母亲这么说，艾科学不由得噘起了小嘴，嘟哝道：“妈妈也真是的，一会儿说矛盾，一会儿说不矛盾，到底是矛盾，还是不矛盾呢？”

看着艾科学的样子，温素珍明白，不能再继续和自己的女儿绕弯子了。要不然，万一她生气了，自己还得好好哄她。

“小可，咱们晚饭还没吃完，关于这个问题呢，咱们是不是先吃饭？等吃过饭，再一起好好研究，好吗？”

尽管艾科学心里很急切地想听到母亲对这个问题的

解答，但是想想晚饭还没有吃完，很是有些不甘心地说道：“好吧，妈妈，那咱们现在就开始吃饭。吃过饭后，您赶紧给我好好解答一下这个问题。”

母女二人风卷残云般地吃完了晚饭。

收拾好之后，两人在客厅的沙发上坐下。温素珍说道：“小可，其实这个问题并不矛盾。温室效应，通常会使气温升高，进而导致全球变暖，这是我们都认可的观点。但是，正如新闻里提到的那样，气温的升高也会导致北极大量的冰雪融化，而冰雪在融化的同时，也会吸收一定的热量，这样一来，又会导致气温降低。”

艾科学认真地听着，忽然说道：“妈妈，我有些明白了，这就类似于我们经常说的一句俗话——下雪不冷，化雪冷。”

温素珍一愣，随即明白了女儿的意思。不过，艾科学这么理解，倒是有助于自己对这个问题的解答。

“小可，你从这个角度理解，虽然不是完全准确和贴切，但在一定程度上，也有一定的类比性。”温素珍字斟句酌地说道。

她喝了一口水，又继续说：“一方面，因为温室效应，导致气温升高；另一方面，气温的升高使大量的冰雪融化，又消耗了很多的热量，这又会导致温度降低。这两种力量，就像拔河比赛中的两支队伍一样，来回拉扯，最终哪方力量强，哪方就会获胜。”

艾科学随着母亲的思路，思维不断拓展。温素珍最后的这个比喻，使她茅塞顿开。之前，她像在迷宫中前行的迷路者一般，总是找不到那个渴望已久的出口。现在，通过母亲形象的比喻，让她瞬间有了拨云见日的感觉。

“我明白了！我明白了！”艾科学突然高兴地喊道。

“妈妈，您这么一说，我就彻底明白了。最寒冷春天的出现确实是温室效应捣的鬼。就像您说的那样，这是因为温室效应引发的冰雪融化导致气温降低的幅度超过了升温的幅度。虽然最初我被它‘迷惑’了，但是，现在我已经看穿了它的‘伪装’。妈妈，谢谢您！”艾科学手舞足蹈地说着，她还高兴地在温素珍脸颊上印上了一个甜蜜的吻。

温素珍欣慰地看着女儿，待她平静下来后，又说道：“不过，小可，妈妈对温室效应也是一知半解，没有系统地研究过。虽然你的这个困惑暂时解决了，但我们一贯的原则是什么？”

艾科学不假思索地回答道：“知其然，更要知其所以然。”

“对，小可，你说得很对。我们不仅要知其然，更要知其所以然。所以呢，现在我们一起开始新的探究之旅吧！”温素珍说完，母女俩会心一笑，手拉手一起来到了书房。

艾科学熟练地打开电脑，点击浏览器，迅速地在搜索引擎里输入“温室效应”四个字，很快，搜索结果就显示出来了。

艾科学看着结果，不由得咂舌："我的乖乖，居然有成千上万条相关信息。" 艾科学和温素珍认真地看了相关信息，逐渐对温室效应有了一个相对清晰的了解。

温室效应之所以会发生，关键在于长短电磁波辐射作用机理的不同。从理论上讲，宇宙中的任何物体都会发射出电磁波，只不过，因为温度的不同，不同物体所发射的电磁波的波长有所不同。科学家认为，物体温度越高，其所发射的电磁波的波长就越短。

因为太阳表面的温度很高，所以它发射的电磁波的波长就很短，一般被称为"太阳短波辐射"。地球表面在接受太阳短波辐射而使温度升高的同时，也会向外发射电磁波。相对于太阳而言，地球的温度很低，故其发射的电磁波波长就较长，一般被称为"地面长波辐射"。

问题的关键就在于，短波辐射和长波辐射在经过地球表面的大气层时，"待遇"是截然不同的。大气层对太阳短波辐射几乎是不设防的，这使得短波辐射可以“长驱直入”而来到地面，几乎没有被大气层所吸收。但是，地面长波辐射在经过大气层时，却被大量吸收。

大气层在吸收地面长波辐射的同时，本身也会继续向外发射波长更长的长波辐射（这主要是因为大气层的温度比地面的温度更低）。也就是说，大气层也会再次向地面发出辐射，这种到达地面的部分辐射被称为“逆辐射”。地面接收逆辐射之后就会升温，或者也可以说，大气层在一定程度上对地面起到了“保温”作用。这就好像农民在种植农作物时使用温室一般，故而人们把这种现象形象地称为“温室效应”，有些时候，也称作“花房效应”。

时间不知不觉地就在母女俩的认真研究中溜走了。

不经意间，温素珍抬头看了一下客厅的时钟，她不由得惊呼道:“小可，时间不早了！明天你还要早起上学，有关温室效应的问题我们暂时先研究到这里。后续的问题，咱们明天得空的时候再研究吧。”

艾科学看着时间已经快到22点了，赶忙站起来说道：“好的，妈妈，我现在就去刷牙。”她一边走一边说道：“妈妈，虽然咱们弄明白了温室效应的形成原理，可是，这背后更深层次的原因是什么，我还是不清楚啊。”

温素珍点点头，回应道：“小可，你说得没错……”这时候，艾科学已经进入了卫生间，没有听到温素珍后面说的话。

Chapter 2

幕后元凶

接下来的几天，因为温素珍工作繁忙，艾科学继续研究温室效应背后奥秘的计划一直未能实现。

好几次，艾科学话都到了嘴边，可是一看到妈妈繁忙的样子，还是懂事地默默走开了。对此，温素珍是看在眼里的，但有些无可奈何，因为她的工作团队正在筹备一场重大国际学术活动。在忙碌的间隙，温素珍在心里感叹女儿贴心懂事的同时，更多的还是觉得有些愧对女儿。

很快，两周多的时间就过去了。

这天一大早，温素珍还是像往常一样早早地起床。她扭头一看，艾科学仍在呼呼大睡。她心想："咦，这可不像这丫头的风格啊。”正要喊醒艾科学的时候，温素珍忽然想到今天是星期六。她自嘲地笑了笑，感叹自己可真是忙糊涂了，居然不知道今天是休息日了。

温素珍正要起身的时候，身后却传来了艾科学的声音："妈妈，今天您还要加班吗？您不多睡一会儿吗？"略微停顿了一下，她又继续说道："我的老师可是说过，'身体是革命的本钱'。"

听着女儿满含关心的话语，温素珍心里不由得一热，眼圈一红，差点落下泪来。丈夫艾峰又出国了，在外人眼里，他们夫妻俩是典型的高级知识分子，所从事的职业也让大家羡慕不已。但是，他们在背后的付出和奉献，外人又能了解多少呢？

很多夜深人静的时刻，温素珍和丈夫都还在各自岗位上拼搏奋进，艾科学经常不得不一个人待在家里看书、写作业。也记不清究竟有多少次，在女儿熟睡之后，温素珍和丈夫又偷偷地穿衣起身，驾车去各自的工作单位，继续深夜的工作之旅。

好多次，温素珍也感觉身体有些吃不消，但每到这种时候，她都会想到作为一个科技工作者的社会责任，一个科技工作者的使命。顿时，她就会神奇地发现，自己浑身的疲惫一扫而光，又充满了斗志。闲暇时，她和丈夫艾峰交流发现，他和自己有同样的感受：作为科技战线上的尖兵，对于建设科技强国的使命，她和丈夫责无旁贷！

心思念转间，温素珍转身过来，温柔地说道："我们的小可真乖，懂得关心妈妈了。好啊，妈妈就听你的话，再休息一会儿。"

重新躺下来之后，温素珍又说道："小可，你说得没有错，妈妈以后是应该加强锻炼，多多重视自己的健康问题，这样才能精神饱满、斗志昂扬地继续做好自己的工作呀！你说是不是？"

艾科学看到妈妈这么听自己的话，心里也很高兴，她开心地点点头，算是对母亲的回应。

艾科学正要说什么，温素珍却用眼神打断了她，笑道："小可，咱们都糊涂了，今天已经是星期六了。之前因为我工作繁忙，咱俩的温室效应探究计划搁浅了，今天难得妈妈的工作告一段落，我们是不是应该重新开始呢？"

艾科学早就盼望着这一天了。妈妈刚才的话说到她心坎儿里去了，她自然乐得顺从。

之后母女俩在床上又赖了一小会儿，就迅速起床了。其实，她们都没有睡懒觉的习惯，再加上今天已经有了明确的研究计划，自然这懒觉也睡不成了。

很快，母女俩便乘坐公交车来到清江省图书馆。她们没有开私家车，用艾科学的话说，"妈妈既然说了要重视自己的健康问题，要多多锻炼，那就从现在开始"。

温素珍非常享受这惬意的天伦之乐，她换上一身运动装，跟着艾科学出发了。

2006年IPCC
国家温室气体
清单指南

温室气体包括
二氧化碳
甲烷
......

来到图书馆，母女俩便开始了搜寻之旅。很快，她们就找来了很多本有关温室效应的书。

温素珍给艾科学找了一本内容看起来写得很浅显的书，让艾科学自己去看，而她自己则找了一本相对专业的书，认真地研究起来。认真工作、学习的时候，总感觉时间过得飞快。差不多一个小时过去了，母女俩心有灵犀地同时放下了书本。

她们相视一笑，温素珍示意艾科学可以开始讨论。这是她们家里的惯例：家庭成员一起研究某个问题时，大家采用这种先各自阅读，然后再一起讨论的办法。这个办法的好处是，可以有效地培养和提升艾科学的思考能力。毕竟，授人以鱼不如授人以渔。

艾科学说道："妈妈，我看的这本书，除了对我们之前已经弄明白的温室效应的概念和原理做了详细说明外，还对我们所找寻的更深层次的原因进行了分析。"

听到艾科学这么一说，温素珍心里不由得一赞：看来，女儿真的有从事科学研究工作的天赋，她的话显示出她已经找到了问题的关键所在。

“很好，小可，那么你说一说，为什么会产生温室效应？除长短电磁波辐射这个重要因素之外，还有什么因素？”温素珍鼓励并启发着女儿。

“妈妈，我已经知道了，您问的这个问题的答案应该是温室气体。”艾科学不假思索地回答道。

“嗯，很好，小可，你回答得完全正确，”温素珍表扬道，随即，她又继续说：“之前我们了解了因为大气层对长短电磁波的吸收程度不同，所以才产生了温室效应这样的现象。但是，关于大气层究竟是如何发挥作用的这一点，我们并不清楚。”

艾科学点点头，说道：“是的，妈妈，确实是这样。”

温素珍继续说道：“刚才，你通过阅读相关书籍，已经明白了这一点。其实，真正在幕后发挥作用的就是这些温室气体。那么，小可，现在问题又来了，哪些气体是温室气体呢？”

艾科学回答道：“妈妈，这个问题可难不住我。我刚才就已经想到你会问我这个问题，”她有些狡黠地看着母亲，继续说道：“温室气体主要有6种，分别是二氧化碳（CO_2）、甲烷（CH_4）、臭氧（O_3）、氧化亚氮（N_2O）、氯氟烃（CFC）及水汽（H_2O）。”

温素珍听完艾科学的回答，笑道：“嗯，小可，不错嘛！你居然能提前想到妈妈要问的问题，厉害！”为女儿点赞之后，她又继续说道：“其实呢，你的这个回答基本上是正确的，但还是存在一些不足之处。”

艾科学听到母亲这么说，却没有开口追问。这是她的一个优点，她明白既然母亲这么说，肯定有母亲的道理。她只需要静静地等待母亲的解说便是。

果然，温素珍指着桌子上的书籍说：“有关温室气体究竟包含哪些种类，不同的研究机构和不同的研究结果是有差异的。比如，刚才你的回答算是一种答案，但我这里也有几种不同的说法。你看，这是联合国政府间气候变化专门委员会（IPCC）发布的《2006 年 IPCC 国家温室气体清单指南》，在这份文件中，除了你刚才说到的二氧化碳、甲烷、氧化亚氮等温室气体之外，还提到了氢氟烃（HFC）、全氟碳（PFC）、六氟化硫（SF_6）、三氟化氮（NF_3）、五氟化硫三氟化碳（SF_5CF_3），以及卤化醚（如 $C_4F_9OC_2H_5$、$CHF_2OCF_2OC_2F_4OCHF_2$、$CHF_2OCF_2OCHF_2$）。嗯，还有《蒙特利尔议定书》未涵盖的其他卤烃，包括 CF_3I、CH_2Br_2、$CHCl_3$、CH_3Cl、CH_2Cl_2 等。”

或许是觉得这些符号有些复杂，温素珍又补充道：“小可，这些符号和名称确实有些复杂，等你上了初中后，学校会专门开设化学课的，到时候这些知识接受起来就不会这么难了。”

艾科学眨眨眼睛，沉思了片刻，随即回答道：“妈妈，没有关系啊，我可以不去探究这些符号和名称的具体含义，但是，我想，我只要知道是它们导致了温室效应，不就达到目的了吗？”顿了顿，她又说道：“这就好像您曾经给我讲过的黑箱理论。”

“黑箱理论？”温素珍听到艾科学这么一说，心里不由得一愣，旋即又明白了女儿的意思，心想：嗯，这倒是一个办法。既然女儿不清楚内在的含义，姑且用“黑箱子”加以理解，倒也是说得过去的。

想到这里，温素珍放下手中的书，又拿起另一本，继续说道：“喏，小可，这个‘黑箱理论’倒是可以让你暂时不去理解这些繁杂的概念和名词的具体含义。”顿了顿，她又继续说道：“这样一来，反倒是能让你专注于自己研究的核心目标，很好！小可，你看，我现在手里拿的这本书，里面记载的是《京都议定书》对温室气体种类的一种界定，包括二氧化碳、甲烷、氧化亚氮，以及氢氟碳化物、全氟化碳、六氟化硫这 6 种。”

听到这里，艾科学插话道：“那么这样一来，我们到底应该采用哪一种说法呢？”

温素珍赞许地看了看女儿说道：“小可，你这个问题问得很好。其实，无论哪一种说法，有 3 种气体是必须包含的……”她的话还没有说完，艾科学便抢答道：“我知道，妈妈，应该是二氧化碳、甲烷、氧化亚氮这 3 种吧？”

温素珍对此倒是见怪不怪了。艾科学具有善于学习和善于总结的能力，她作为母亲自然是十分了解的。“嗯，你说得没有错，答案就是这样。一般情况下，只要我们关注这 3 种气体，基本上就把握了温室气体的“主线”，再进一步，考虑到氢氟碳化物、全氟化碳、六氟化硫这 3 种，差不多也就够了。当然，如果能把之前你说的那些气体，以及 IPCC 所提到的其他气体一并考虑，那就更好了。只不过，考虑的气体种类越多，将来研究的成本就会越高，花费的代价也会越大。”

艾科学点点头，说道：“妈妈，我明白了，我们今天来这里，只需要知道是温室气体这个幕后元凶发挥作用才产生了温室效应就足够了。当然，我也知道了哪些气体是温室气体。我想，我们今天的目的已经达到了。您说，是不是这么一回事？”

温素珍倒是没有想到艾科学还有化繁为简的本事，笑着回应道：“小可，你这么说，倒也是蛮有道理的嘛！”

Chapter 3

威力无穷的“碳汇”物质

艾峰参加完国际学术会议之后，便迫不及待地回家了。除了想早点见到女儿，还有一个重要的原因就是温素珍要出差，而且时间比较长。虽然艾科学的日常起居可以由爷爷代管，但对于辅导艾科学的学习，老人会有些力不从心。

送别那天，看着妻子走过安检通道，艾峰扭过头，对女儿说道：“小可，这下子可就剩咱俩了，说吧，你有什么问题要和爸爸一起研究的呢？”

艾科学亲热地拉着父亲的手说道：“爸爸，最近我和妈妈一直在研究有关温室效应的问题。我已经清楚了温室效应形成的原理，知道了哪些气体是温室气体，以及温室效应可能造成的危害。”

艾峰听完女儿的话，笑着说道：“哦？我们的小可居然又掌握了这么多知识，真是让爸爸刮目相看，佩服得很啊！”略微停顿了一下，他继续说道：“既然你已经把兴趣点聚焦在温室效应方面，说吧，还需要爸爸帮你解决什么问题？”

艾科学一边跟着爸爸朝地下停车场走去，一边说道：“我想知道的是，既然温室效应有这么多的危害，那我们应该怎样去应对它呢？”

艾峰点点头，说道：“小可，很好，我们发现问题之后，就要去研究它、探索它。在弄明白问题产生的原因之后，最重要的工作其实是想办法解决它，这是我一贯和你强调的重点。现在看来，这个思维方法你已经彻底掌握并进入实际运用的层面了。”

两人上了车，艾峰细心地把女儿放在儿童安全座椅上坐好后，才继续说道：“小可，我们伟大的祖国，作为一个负责任的发展中国家，历来都高度重视温室气体治理。但由于客观的历史原因和现实原因，我们在温室气体排放量及温室效应管控等方面开展的研究工作相对滞后，特别是之前在基础数据采集方面做得不够好，明显受制于人。在这种态势下，我们曾经连自己的温室气体排放“家底”都没有搞清楚，又何谈解决温室效应之道呢？”

艾科学没有言语，继续等待着父亲的讲解。

艾峰继续说道：“小可，这么讲吧，如果我们想要解决好温室效应这个问题，那我们首先应该设法减少温室气体的排放量。而温室气体排放量的减少，却不是一个简单的事情。我国作为发展中国家，发展仍是当前的第一要务。我们要实现经济社会的全面发展，自然就会消耗大量的能源。当前，我们国家的能源结构还是以化石能源为主，而在这其中，煤炭更是重中之重。大量煤炭资源的使用，会释放出大量的二氧化碳等气体。在这种形势下，一方面，我们要削减温室气体排放量；另一方面，我们为了继续发展，还会在一定程度上不可避免地增加温室气体排放量，如此一来，我们国家面临的压力有多大可想而知。”

艾科学点点头，接话道：“嗯，爸爸您说得很对，一加一减综合后，还要保证总量降低，确实是挺难的。”

艾峰一怔，旋即明白了女儿的意思。看来她已经听明白了自己的讲述。于是，他继续说道：“小可，我们要讨论应对温室效应的举措和办法，有一个关键词是绕不开的。”

“关键词？哪个关键词？”艾科学听到父亲这样说，急切地问道。

“碳汇，对，就是碳汇。”艾峰这次倒是没有卖关子。

“碳汇？这是什么东西？”艾科学紧追不舍地问道。

“提到碳汇，其实我们首先还应该提及另一个名词，这个名词就是‘光合作用’”，艾峰略微停顿了一下，继续说道：“小可，‘光合作用’这个词，你应该听说过吧？”

“我知道，我知道，”艾科学抢答道：“老师给我们讲过，一般是指绿色的植物通过利用太阳光的能量，将二氧化碳和水合成为有机物，同时释放氧气（O_2）的过程。”

听到艾科学的回答，艾峰很满意。接着女儿的话头，他说道：“小可，你回答得很好，我们所说的碳汇，最后的作用机理和光合作用密不可分。”

“目前对于碳汇还没有一个公认的定义，通常我们讲到这个词，就是指人们通过植树造林、植被恢复等措施，利用植物的光合作用来吸收大气中的二氧化碳，并将其固定在植被和土壤中，从而降低温室气体在大气中的浓度的一种过程或活动等。”艾峰解释道。

听了父亲的话，艾科学沉思了一会儿，又说道：“爸爸，我明白了，不过，我又有一个新问题。”

碳汇一般指通过人们的植树造林、植被恢复等措施，利用植物的光合作用来吸收大气中的二氧化碳，并将其固定在植被和土壤中，从而降低温室气体在大气中的浓度的一种过程或者活动等。

“哦？什么新问题？”

“爸爸，您说的这个答案，给我的感觉好像只是陆地方面的。那我们经常讲到海陆空三方面，嗯，现在陆地在减少大气中的温室气体方面所发挥的作用，我已经了解了。那么，有没有一种可能——海洋也会发挥这样的作用呢？您刚才讲到了植物，我记得以前参观科技馆时，好像海里也有植物吧？那些植物会不会也能发挥类似的作用呢？”

听到女儿这么问，如果不是因为自己正在开车，艾峰觉得自己都要开心得跳起来了。自己刚刚谈到的“碳汇”概念，应该说是一种传统的概念，或者说是狭义的概念，完整的碳汇概念除了包括陆地生态系统，自然也应该包括海洋生态系统。有资料显示，海洋中的生物，如浮游生物、藻类、海草等，固定了地球上超过一半的生物碳和绿色碳。也有资料表明，单位海域中的生物固碳量大约相当于森林的 10 倍，更是草原的 200 多倍。

未来应对温室效应，除了要继续发挥好陆地生态系统的作用，更要注重发挥好海洋生态系统的重大作用。只是目前人类对海洋的了解、开发和利用程度，远达不到对陆地的开发程度罢了。

想到这里，艾峰高兴地说道：“小可，你说得很对，完整的碳汇除了包含陆地上的，海洋方面的自然也不能被丢下。爸爸前几天看了一组文章，这些文章所反映的研究成果就是要达到一个目的，那就是认识我国陆地生态系统结构和功能特征及其对气候变化和人类活动的响应，还有量化我国陆地生态系统固碳能力的强度和空间分布。应该说，咱们国家的科学家，着实是取得了很好的研究成果，也获得了国际同行的高度认可和充分肯定。有了这些研究成果，能够对我国陆地生态系统的碳汇能力有更清晰的了解和把握。这对下一步的工作开展可是大有裨益的。”

艾科学听得津津有味，心里也为这些科学家感到骄傲和自豪。她想了想，忽然说道："爸爸，真的好神奇啊！因为有了光合作用，陆地上的植物就可以实现对二氧化碳的固定作用，这样就可以减少一定的碳排放。同样地，蓝色的大海也具有这样的功能。嗯，要我说，这个碳汇的'本领'可真是大啊！"

艾峰听了艾科学的话，笑了笑，却没有言语。他觉得，这个时候应该是让女儿自我"消化"和"吸收"的时刻。

已经快到自己居住小区的地下停车场了，艾峰放缓了车速，继续说道："小可，爸爸再告诉你一个激动人心的消息。这些文章还得出了一个重要的研究结论，这个结论对于我们今后与西方国家在应对气候变化和谈判方面，具有举足轻重的意义啊！"

艾科学听到父亲这么讲，不由得坐直了身子，一脸庄重。

"这个结论就是长期以来，我们国家的碳排放量被高估了，而生态系统的碳汇能力则被低估了。这可是一个了不起的结论。国外一些戴着有色眼镜的人士，一方面叫嚣着要我们继续承担更大的减排责任，另一方面却又随意提高我们的排放量数据。其实，他们的目的很简单，就是想通过这样的手段，达到扼杀我们发展机会的目的。”艾峰说道。

车已经停好了，艾峰解开了自己的安全带，回头对女儿说道：“随着我国提出中国二氧化碳排放力争于2030年前达到峰值，努力争取2060年前实现碳中和的目标，”他停顿了一下，又说道：“控制温室气体，应对温室效应，小可，我们国家任重而道远啊！”

艾科学听了爸爸的话，心里暗自涌起一个念头：将来自己长大了，一定要做一名科学家，一名可以为国家控制温室气体排放事业贡献力量的科学家！

Chapter 4

甜的困扰

时间过得很快。转眼间，又是一个多月过去了。

这天，艾科学正在参加由学校科普兴趣小组举办的科普讲座。正当她听得津津有味的时候，忽然间，她觉得身后有人在轻轻地拍打她的肩膀。

等她扭过头时，发现原来是自己班里的同学李小龙。自从上次课前辩论之后，李小龙有了彻底的大转变。以前，这家伙调皮捣蛋不学好，用他父母的话说，要是这家伙能安分地过半天，他们都觉得是太阳从西边升起来了。

可是自从与艾科学等同学辩论之后，李小龙一下子就长大了似的。他每天上课认真听讲，回家后不再是先看动画片又去玩玩具了，也不像以前那样，实在躲不过去了才开始磨磨蹭蹭地做作业。他的父母惊喜地发现，这孩子真的变了，变得懂事了，变得上进了。他写作业的字迹更工整了，也能按时完成了。有时候，这家伙居然也会主动帮助父母做一些力所能及的家务了。

尤其是最近连续几次的素质测评中，李小龙的成绩都还不错，虽然不能跻身班级前列，但与以前相比，那进步可真是大了去了。家人对此十分惊喜，当然更是好奇于他的变化，仔细一询问，才知道是因为李小龙和班里的女同学进行科学辩论失败了。要说失败就失败，李小龙自打出生后，又不是没有失败过，但以前失败了照样是一副吊儿郎当的样子，总是无所谓。不过，这次情况貌似和以往不太一样，这家伙居然做到了知耻而后勇，而且转变又这么明显，确实难得。

经过进一步的了解，家人发现让李小龙发生这么大改变的终极原因居然是科学课程的魅力。自此以后，李小龙便被家人叮嘱，一定要好好学习各门功课，特别是科学课程。家人也明确表态，只要李小龙参加与科学相关的任何活动，家里绝对会无条件支持。

有了家人的支持，再加上李小龙自己对艾科学很是佩服，从那以后，他就自愿当起了艾科学的小跟班儿。特别是在艾科学参加相关科普方面的活动时，他更是与她形影不离。

艾科学正听得津津有味，冷不丁被李小龙打断，低声问道："小龙，怎么了？不好好听讲，又要做什么小动作？"

听到艾科学这么说，李小龙很是无奈地说道："艾科学，你误会我了，我找你是有一个问题想要请教你。"

艾科学没有想到李小龙会是这么回答。不过，随即，她就释然了。李小龙的转变不但让他的家人感觉到，也让她这个当时的辩论当事人，还有班级里的其他同学也都能切身地感觉到。

想到这里，艾科学做出一个禁止李小龙说话的动作，低声说道：“这个讲座马上就结束了，讲座结束后，咱们再细细讨论。”

听到艾科学这般回答，李小龙心里虽然有些不甘，但他非常明白艾科学的作风，就不再坚持了。只是，他这心里如猫抓一般，屁股底下好像也有什么东西似的，弄得他扭来扭去，怎么也坐不住。可是一想到他自己这副样子，艾科学可能不喜欢，李小龙便又赶紧正襟危坐。但他毕竟是一个活泼好动的小男孩儿，这样一来，表现得很滑稽，惹得旁边的同学一阵嬉笑。

好不容易，讲座结束了。

还没有等艾科学收拾好东西，李小龙便再次起身说道：“艾科学，快点快点，咱们赶紧走吧。”

“怎么了？小龙，你今天可是有些反常啊！”艾科学一边收拾自己的书包，一边笑眯眯地盯着李小龙说道。

“哎呀，我说，艾科学，你可别磨叽了。我真的是找你有问题要请教的，”略微停了一下，李小龙又着急地催促道：“再不快一点，可真的就来不及了。”

艾科学没有想到李小龙这么着急，再看他的样子又不像是装的，便点点头说道：“小龙，老师教育我们，每临大事须有静气。你这么毛毛躁躁的，万一再出点什么别的差错，不更是忙里添乱吗？”

李小龙听到艾科学这么说，不知道是怎么回事，顿时就觉得自己沉稳了下来。是啊，艾科学说得没错，虽然这件事情有些着急，但毕竟还是在可控的范围内，真要是像她说的那样，自己风风火火地赶过去，说不定真的会出什么意外，那样的话，反而得不偿失了。

想到这里，他有些不好意思地挠挠头，笑着说道：“哎呀，艾科学，你看，我这个爱着急的毛病就是改不掉。”

看到李小龙平静下来，艾科学也很是高兴。一旁的肖亚妮这才有机会开口道：“怎么了？李小龙，你又有什么问题呢？”听到肖亚妮有些藐视的问话，李小龙心里又不免有些着急，可是一想到刚才艾科学说的话，就暗暗劝自己：要冷静、冷静，再冷静。

“哼！我有什么问题也是向艾科学请教，”顿了顿，他故意拉长声调：“至于别人嘛，我觉得还是不知道的好。”

肖亚妮没想到李小龙居然这样回应自己，很不高兴地“回敬”道：“哼！就你？李小龙，你还能有什么问题？你不告诉我，我还不想知道呢！”

说完这句话，肖亚妮一拉艾科学的手说道：“走吧，小可，咱们才懒得搭理这个家伙呢。”

艾科学听着自己的好朋友和李小龙的这番对答，有些哭笑不得地说道：“哎呀，你们两个可真是死对头，一见面就要互掐，就不能和平相处吗？”

李小龙反应很快，看到艾科学似乎有些不高兴，马上对肖亚妮说道：“肖亚妮，对不起，我刚才是因为着急，所以对你有些不礼貌，你可千万别往心里去啊。”他有些不好意思地挠挠头，又说道："我向你道歉，肖亚妮！"

李小龙的主动道歉出乎肖亚妮的意料，她也不由得有些不好意思起来。艾科学看到肖亚妮有些扭捏的样子，笑着说道："好了，亚妮，小龙也向你道歉了，咱们这就走吧，正好路上可以再听小龙的详细解说。"

看到艾科学为自己解围，肖亚妮感激地看了她一眼，再想想李小龙，心里不由得对他也感到有些歉意。要说每次见面，肖亚妮之所以会和李小龙对掐起来，这根由还真的是在她这里。看来，她也应该向李小龙好好学习一下。既然他能改变，那自己为什么不能改变呢?

想到这里，肖亚妮涨红了小脸，虽然声音有些低，但还是很坚决地说道："小龙，对不起，我也要向你道歉，我不该那样和你说话。"

李小龙听到肖亚妮这样说，一愣神，随即，看到艾科学鼓励的目光，大声说道："肖亚妮，谢谢你！我是男生，我应该让着你。"

听到李小龙的回答，艾科学笑着打趣道："哎呀，好了，好了，这下子问题不就解决了！"她一边说着，一边拉起李小龙和肖亚妮的手。三人的手紧紧地握在一起。这一瞬间，三颗幼小的心灵紧紧地贴在了一起。

路上，三位好朋友一边走，一边聊天。

"小龙，你这么着急地找我，到底是什么事情呢？"艾科学走在三人中间，扭头向右边的李小龙问道。

"对呀，小龙，到底是什么事情呀？"肖亚妮也询问道。

李小龙看看艾科学，再看看肖亚妮，这才说道："其实呢，是这么一回事……"

随着李小龙的讲述，艾科学和肖亚妮明白了是怎么回事。原来，李小龙的表弟孟浩然在东州市双语小学就读，就在今天中午放学后，他的表弟和李小龙的二舅妈来到李小龙家里做客。在一起吃午饭的时候，发生了一个小插曲，也正是这个小插曲的发生，导致了李小龙下午风风火火地向艾科学来请教。

时光回溯到当天中午。

“表弟，来，给你吃这个蛋糕，可甜了！”李小龙一边说着，一边把自己手中的蛋糕掰了一半递给表弟。

李小龙的表弟却有些迟疑，有点儿怯生生地接过蛋糕。正当表弟准备吃的时候，冷不丁地，一声大喝传来：“不准吃！那里面有糖精，吃了会得癌症的！”

尖锐的嗓音一出，不单是孟浩然惊呆了，手中的蛋糕都掉了，就连李小龙也惊呆了，一时间两人不知道该如何是好。

“二舅妈，这可是蛋糕啊，里面怎么会有糖精呢？添加的不是糖吗？”李小龙很快回过神，有些疑惑地看着孟浩然的妈妈，继续说道：“再说了，就算是糖精，不也是糖吗？怎么会对人体有害呢？”

李小龙一边说着，一边捡起了孟浩然掉在地上的半块蛋糕。

“哎呀，小龙，你还小，你不懂。”孟浩然的妈妈郑重其事地说道。

看着李小龙和自己儿子一脸困惑的样子，李小龙的二舅妈继续说道：“小龙，这可不是瞎说的。我听街坊邻居们说过，现在咱们吃的这些蛋糕，多数添加的都是糖精，用糖做原料的可是很少的。”

“为什么？”李小龙和孟浩然不约而同地问道。

“你们真是傻！用糖多贵啊，糖精多便宜！”二舅妈一副恨铁不成钢的样子。

“二舅妈，就算您说得对”，李小龙想到二舅妈是做生意的，便从内心里有些相信这种说法了。可是，随即，另一个问题产生了：糖精为什么会致癌？为什么会对人的健康造成不好的影响呢？

想到这里，他又问道：“二舅妈，为什么吃了糖精会得癌症呢？”

孟浩然的妈妈也有些拿捏不准：“我是听别人说的，

多蛋糕都使用了糖精!

他们说糖精是用那个什么做的，”顿了顿，看着不单是儿子和李小龙有些吃惊的样子，就连一旁的其他成年人都一脸懵懂的样子，她不免有些得意地继续说道："我可是听说了，这糖精是由煤炭做的。"

还不待别人有任何反应，她又补充道："你们想啊，那些煤炭黑乎乎的、脏兮兮的，你们吃了这些东西，怎么能不得病呢？"

"啊？"李小龙在心里一阵惊呼："哇，煤炭这么神奇，居然可以制作出糖精来？"一瞬间，他自己也有些疑惑了。

Chapter 5

虚惊一场

听李小龙讲完整个事情的经过后，艾科学和肖亚妮也有些蒙了。难道糖精真的是由煤炭制作而成的？要是这样的话，吃了这种含有糖精的蛋糕，是不是真的就像李小龙二舅妈说的那样，会让人生病，甚至患上癌症呢？

还没等艾科学说话，一旁的肖亚妮就率先发声道："啊？吃蛋糕会得癌症，这可怎么办呀？我以后还能不能再吃我最喜爱的蛋糕了？"说到后来，肖亚妮的声音里竟带了一些哭腔。

李小龙想到自己平时也特别爱吃蛋糕，现在听到肖亚妮哽咽的声音，心里不免也有些戚戚然。

艾科学看到小伙伴这么伤心，虽然心里也有一点不踏实，但平日里养成的科学素养在关键时刻帮了她。尽管她刚刚在听李小龙讲述时也有些发蒙，但此时此刻，她已经清醒了过来。

“小龙、亚妮，你们先不要着急。我觉得今天小龙提出的这个问题，其实包含两个层面。”艾科学的讲述效果很明显，刚才还有些闷闷不乐的李小龙和肖亚妮，听了之后不由得精神一振，竖起耳朵想听艾科学的详细分析。

看着自己成功转移了两位同学的注意力，艾科学心里轻松了许多，继续说道：“这个问题的第一个层面就是，我们平常食用的蛋糕里到底加的是糖，还是糖精。”顿了顿，她继续说道：“如果是糖的话，那这个就不是什么问题了。现在，我想我们最关心的焦点不是蛋糕生产的过程中为什么该添加糖，可是最终却添加了糖精。这个问题应该是食品生产的相关监管部门负责的。”

李小龙和肖亚妮听着艾科学这合情合理的分析，不由得点点头。

“我们今天关注的重点，应该是刚才小龙说的问题的第二个层面，也就是说，万一蛋糕里真的添加了糖精，那么这个糖精到底对人体有没有害处？”艾科学继续说道。

“对，对。”听到艾科学这样说，李小龙有些迫不及待地回应道。一旁的肖亚妮白了他一眼，也说道：“是啊，小可，我记得咱们平时吃的其他食物里面好像也有添加剂啊！为什么那些添加剂就可以添加进食物，而糖精却不能添加到蛋糕里面呢？”

肖亚妮说的这番话，正好也是自己想要问的内容，李小龙便跟着点点头，重新把目光转到艾科学的脸上，等着她做出回答。

“亚妮，你说得没有错。我记得有一次听科普讲座，当时讲课的老师提到了食品添加剂。其实，食品添加剂的出现，对整个食品行业的发展可是起到了很好的推动作用。应该说，符合相关标准的食品添加剂与我们的日常生活是息息相关的。”艾科学说道。

“是啊，我也想起来了，”李小龙有些兴奋地说道：“小可、亚妮，我也想起来了。老师当时讲过，食物里面加了食品添加剂，可以起到防止食物变质、改善食物感官性状、提高食物营养价值及满足不同人群的特殊需要等作用。”

肖亚妮对李小龙这样的说法虽然有些怀疑，但听到他如此流利地讲出这么多食品添加剂的作用来，也不由得相信了。她也知道，自从上次李小龙与艾科学的课前辩论结束之后，这家伙对科学课程产生了浓厚的兴趣，也下了一番功夫学习。

艾科学没有想到李小龙对食品添加剂的作用了解得这么清晰和全面，心里也很高兴，看来李小龙真的是变了，真的热爱学习了。

“小龙说得没错。我记得老师当时讲过，所谓的食品添加剂是指为改善食品品质，以及出于防腐和加工工艺的需要，而加入食品中的化学合成或天然物质，”略微停顿了一下，艾科学又继续说道：“亚妮，小龙，你们看，从这个概念来说，是不是已经把食品添加剂的作用讲清楚了？”

肖亚妮和李小龙仔细回味着艾科学的话，慢慢“消化吸收”着。很快，他们心有所得地点点头，示意艾科学继续讲述。

“应该说，咱们国家对食品添加剂一直是高度关注和重视的。在食品添加剂的使用中，生产厂商除了保证其发挥应有的功能和作用外，最重要的还应该保证食品的安全卫生——我记得老师当时是这样讲的。”略微梳理了一下自己的思路，艾科学重新开始讲道：“为了规范和约束食品添加剂的使用，保障食品添加剂使用的安全性，我国制定了相关的食品添加剂使用标准，这一标准规定了食品中允许使用的添加剂品种，并详细规定了使用范围和使用量。”

听到艾科学这铿锵有力的回答，李小龙和肖亚妮心里有底了。

“既然我们知道了这个标准，也对食品添加剂不再谈‘虎’色变，那么，我们接下来，是不是应该……”艾科学启发性地问道。

或许因为前几次都是李小龙抢着回答艾科学的问题，这一次，肖亚妮有些不甘落后地抢答道：“小龙、小可，那我们还等什么？我们可以去学校的电子图书馆查询相关的资料啊！”

艾科学看到肖亚妮说出了自己的心声，笑着对一旁的李小龙说道：“小龙，怎么样，我们是不是先去一下学校的图书馆？”

李小龙挠挠头，有些迟疑地说道：“去倒是可以，只是我二舅妈还在家里等着我呢，我们还打了一个赌。”

“打赌？”艾科学和肖亚妮异口同声地问道。

“对啊，我二舅妈非要说吃了糖精会让人得病，甚至患癌，我总觉得不是这么一回事，所以我俩当时就打赌了。要是我赢了的话，今年暑假她带我去迪士尼乐园玩。你说，这么重要的一个赌，我能不着急嘛！”李小龙一口气说完了自己想说的话，不由得轻松了许多。

“哦，原来是这么一回事，怪不得你风风火火地来找我呢。”艾科学恍然大悟道。

“小龙，我们感觉应该支持你关于糖精这种食品添加剂的看法，但是，现在我们还没有充分的理由能证明你是正确的呀。所以，我觉得我们还是先到图书馆。至于你二舅妈那里，你可以打个电话给她，说明一下情况，这不就可以了吗？”肖亚妮在一旁出谋划策。

艾科学赞同地点了点头，并且热心地把自己的电话手表借给了李小龙。等李小龙打完电话，他们三人便急匆匆地朝学校图书馆跑去。

通过查询相关资料，他们了解到，我们国家现在使

抗氧化剂

着色剂

增稠剂

白剂

膨松剂

增味剂

防腐剂

味剂

用的食品添加剂有 20 多个类别，共 2000 多个品种，包括抗氧化剂、漂白剂、膨松剂、着色剂、增味剂、防腐剂、甜味剂、增稠剂等。糖精属于食品添加剂里的甜味剂。

有关甜味剂的详细内容，李小龙更是看得格外用心。按照来源划分，这些甜味剂可以分为天然甜味剂和人工合成甜味剂。在天然甜味剂里，又可以分为糖醇类和非糖醇类两种。例如，木糖醇、山梨糖醇等就属于糖醇类天然甜味剂，而甘草、奇异果素、罗汉果素等则属于非糖醇类天然甜味剂。至于他们三人所关心的糖精，则属于人工合成甜味剂。

“糖精，是世界各国广泛使用的一种人工合成甜味剂，价格低廉且甜度很高。其甜度通常相当于蔗糖的 300~500 倍。由于糖精在水中的溶解度低，故我国添加剂标准中规定使用糖精钠，一般认为糖精钠在体内不被分解，从尿液中排出而不损害肾脏功能。全世界广泛使用糖精数十年，尚未发现对人体的毒害作用。”李小龙招呼着艾科学和肖亚妮，一字一句地读了出来。

“看来，糖精只要是使用的剂量符合规定，对人体是没有什么损害的呀！”艾科学最后做了结论性的说明。

李小龙如释重负地点点头。随即，他的脑海里又浮现出他二舅妈的形象来。“糖精没有害处这一点已经弄清楚了，可是它到底是怎么生产出来的，是不是真的与煤炭有关啊？”

想到这里，他便把自己的想法说了出来。艾科学听了之后，笑着说道：“小龙，这个简单啊，我们继续查找资料。”三人于是继续在浩瀚的知识海洋里寻觅起来。

不一会儿，肖亚妮高兴地喊道：“小可、小龙，你们看，这里有。”听到肖亚妮的话，艾科学和李小龙凑过脑袋，仔细地阅读起来。

1879 年，俄国化学家法利德别尔格正在进行其甲苯系列衍生物的合成研究。有一次，在他的生日晚宴上，他发现妻子为客人精心准备的香酥鸡和牛排在没有放糖

的情况下却格外甜。这个偶然的机会让他发现了“糖精”。

之后，他集中全部精力，不断完善相关的工艺过程，并在美国获得了“糖精”的专利。人类从又黑、又黏、又臭的煤焦油中可以提炼出甲苯，再经过一系列过程最后得到这种特别甜的白色结晶体——糖精，法利德别尔格每每想来就觉得非常不可思议。1886 年，这位化学家迁居德国，并在那里建立了世界上第一个从煤焦油中提炼糖精的工厂。糖精就此走进了人们的生活之中。

“看来，小龙，你和你二舅妈打的赌只能算是平局了。”肖亚妮故意逗着李小龙。

“为什么是平局？”李小龙有些不甘心地反问道。

“很简单啊，糖精对人体无害，这个算你赢了，但它确实是来自煤炭，这一点你二舅妈赢了。如此一来，你们不就是一个平局吗？”艾科学笑着解释道。

李小龙仔细想了想，还真是这么一回事，也就释然了，毕竟，只要能让他吃蛋糕，即便是吃那些加了符合标准的糖精的蛋糕，他也乐意。至于这打赌赢不了，嘿，也不算什么大事。

想到这里，他笑眯眯地对艾科学和肖亚妮说道："哈哈，看来这次是虚惊一场了，"顿了顿，他又继续说道："只要能吃上甜滋滋的美味可口的蛋糕，迪士尼乐园不去就不去呗！"

听到他这样说，艾科学和肖亚妮相视一笑，不由得在心里说道：这个家伙，就知道吃！

Chapter 6

再访实验室

东州快乐小学这个学期决定按照教育部门的要求，进一步加强小学一、二年级科学课程的设置与管理。

其实，学校之所以这样做，是因为考虑到早在2017年1月，国家相关部门在下发的一份文件中就明确指出：科学教育是立德树人工作的重要组成部分，是提升全民科学素质、建设创新型国家的基础。小学科学教育对从小激发和保护孩子的好奇心和求知欲，培养学生的科学精神和实践创新能力具有重要意义。同时，该文件最大的一个亮点是把小学科学课程起始年级调整为一年级，而且明确要求小学一、二年级每周安排不少于1课时的课程。

这一改革举措，得到了广大基层教育工作者的支持和认可。在东州快乐小学现任校长李美琪看来，这是好的改革举措，是真正的素质教育举措之一。

李美琪现在还清楚地记得，当初她参加工作才几年时间，正好赶上国家教育新一轮课程改革。当时，依据相关政策，我国把沿用了半个世纪左右的小学自然课程更名为科学课程，起始开设年级也从小学一年级调整为三年级。自然课程更名为科学课程，应该说本身就是一种进步，反映了决策者重视科学、强调科学的价值理念，但是，对于把课程开设时间整整延后两年这一点，李美琪觉得值得商榷。

李美琪通过十几年的教学实践发现，幼儿园的小朋友富有一种对未知世界的探索精神。然而，随着年龄的增长，孩子们对知识探索的兴趣却越来越淡薄。她清楚地记得曾经有一项调查结果显示，我国中小学生对科学的兴趣随年级升高而降低，我国青少年的科学兴趣现状令人担忧。

作为一名基层的教育工作者，李美琪认为这和上一轮课程改革把科学课程开设时间延后、参与科学课程的师资匮乏，以及科学课程教学方式与载体不接地气有很大关系。正是由于这些原因，科学课程在很长时间里沦为事实上的“副科”，再加上同期孩子们可选择的课外兴趣班、辅导班较多，最终使当时的青少年对科学的兴趣下降，整体科学素养不够高。

虽然，东州快乐小学在 2018 年已经按照要求和部署，在一、二年级开设了科学课程，但对此，李美琪是既欣慰又惶恐。令她欣慰的是，科学课程进入小学一、二年级课堂，并且被列为与语文、数学同等重要的基础性课程，这在很大程度上解决小学科学教育所面临的问题；但令她又觉得惶恐的是，经过差不多快一年的时间，这门课程开设之后的效果，与她之前的期待还是有着不小的差距。

正是基于这样的原因，她和学校的教导主任，以及教授一、二年级科学课程的两位教师代表，还有艾科学的母亲温素珍等人特意赶到清江省煤炭科学研究总院。她的目的很简单，就是想和刘国栋院长好好交流一下，看看未来东州快乐小学的科学课程究竟该如何开设，才能达到上级要求的标准，从根本上提高学生的科学素养。

李美琪校长之所以邀请艾科学的母亲温素珍一起来，是经过慎重考虑的。上个学期，李美琪要求一、二年级的老师在讲授科学课程时，一定要注意形式多样、内容生动，要真正激发出学生的好奇心和求知欲。她也特别鼓励相关的老师要多注意教学方式和方法的创新，要多和家长沟通联系，充分发挥他们的聪明才智，一起努力，共同促进科学课程的教学工作。温素珍就是在参加二年级三班的科学课程时给李美琪留下了极为深刻的印象。

温素珍当时为这个班级做了一场科普报告。报告的

时间不长，也就不到半个小时。这个时间长度差不多是一、二年级学生能集中注意力的最佳时间长度。在这个报告里，没有一般报告那样大量的文字，更多的是一些提纲挈领的词句，同时配备了大量制作精美的原创图片、表格、音频和视频资料。

当时，李美琪正好参加完一个教育工作经验交流会，在返回自己办公室的途中，经过艾科学这个班级，恰巧就赶上了这次活动。

直到今天，时间虽然过去了很久，但那次报告的现场情形还是极其深刻地印在她的脑海里。

“这是一节多么完美、多么高效的科学‘课程’啊！”李美琪在心里赞叹道。她是从教室的后门进入的，全班学生居然没有一个人发现她。孩子们是那么专注，瞪着一双双好奇而又渴望的眼睛，认真地随着温素珍在讲台上的一举一动而移动，一会儿在看演示文稿，一会儿在听温素珍的精彩讲解，一会儿又急不可耐地举起自己的小手，争先恐后、积极踊跃地回答着问题。

有好几次，李美琪都被这种情绪感染，她也有举手回答问题的冲动了。在哑然失笑之余，她的心里不由得一动：关于科学课程应该怎样讲，这不就是一个活生生的模板吗?

那次报告后，李美琪和温素珍聊了很久，也聊了很多。因为对科学的关注，她们两人成了好朋友。

当然，今天李美琪之所以把温素珍也叫上，还有一个重要原因，那就是她了解艾科学和刘国栋这对忘年交的深厚感情。她原本也想带上艾科学，只不过今天不是周末，就只能作罢。于是，她就向温素珍“求救”，请她陪自己一起来。

当他们一行数人刚出电梯，还没有走到院长办公室门口的时候，就发现一位精神矍铄的老者已经等在那里了。

看到刘国栋，温素珍倒是已经习惯了他的做法。可

省煤炭科学研究总院

是，李美琪她们几个人很是感动和惶恐。眼前的这位科学家，不单单在清江省，就是放眼整个国家，那也是鼎鼎有名的。平时，他们都是在电视里、报纸上才能见到他，哪里想到，今天竟能有机会和他本人见上一面，而且还要在一起探讨相关研究工作。

“刘老，真是太让人感动了！您亲自到门口等我们，真是太意外了！”李美琪紧走几步，赶忙握住刘国栋的手，真诚而又有些歉意地说道。

“哈哈，李校长，我老头子还不和你们一样，一个脑袋一张嘴，两只胳膊两条腿？”刘国栋看出了她们的紧张，故意开着玩笑。

看着眼前的老人慈眉善目，听着老人轻松幽默的话语，李美琪他们几人顿时就放松了下来。

“素珍，好久没有见到小可那个丫头了，怎么样，她还好吧？”和李美琪他们握手寒暄之后，刘国栋这才对温素珍说道。

“谢谢刘老挂念，小可非常好。昨天她得知我们今天要来见您，还嚷着要来呢。只不过今天不是周末，她要上学，所以就没有来。今天早上，她很是正式地委托我向您问好。”温素珍听到刘国栋询问女儿的情况，赶忙回应道。

“小可这个孩子就是对我的脾气。不过，既然她要上课，我这个做爷爷的自然也不能影响她不是？”刘国栋随和地说道。

一旁的李美琪听了他们之间的交流，心里顿时就有了一种感觉：看来，这次请艾科学的母亲出马，是正确的选择。

她们几人跟随着刘国栋，走进他的办公室。

温素珍有意落后几步，低声对李美琪说道：“李校长，怎么样？我和您说过，刘老没有架子，您自己来，效果也是一样的。”

听了温素珍的话，李美琪点点头，心里却自言自语道："您倒是说得不错，刘老确实是挺平易近人的，可是，要是您不来，这事情的最终效果可是要差得远了。"一瞬间，想到刚才刘国栋提到艾科学时的神态，那种自然而然的亲热和关爱的神态，李美琪心里忽然有了一个大胆的主意，只是现在这个时机还不是太成熟，因此还不能说出来。

看着众人坐下来，刘国栋实验室的助手给每人倒了一杯茶水，便退出去了。

"李校长，你的意图我基本上清楚了。之前，素珍也和我简单地把你们的设想和目的谈了谈，我个人觉得很好。我们要实现国家的繁荣富强，离开强大的科技支撑那是万万不可能的，我们必须加快建设创新型国家。"刘国栋开门见山，直奔主题地说道。

"当然，创新型国家的建设不是一蹴而就的事情。我为什么和你们谈这些呢？原因其实很简单：不积跬步，无以至千里；不积小流，无以成江海。这一切目标的实现，都需要我们稳扎稳打，从现在做起，从身边的每一件事情做起。而人作为自然界中最活跃的因素，更是科学要关注的重中之重。”刘国栋接着说道。

看着众人，刘国栋喝了一口水，又说道：“怎么才能强起来？只能靠创新，而要实现创新，则只能靠人才。人才哪里有？人才就在你李校长现在的学校里啊！”

李美琪正在认真聆听，没想到刘国栋话锋突然一转，就到了自己这里，不禁一怔。

Chapter 7

科普工作任重而道远

看到李美琪一怔，刘国栋笑着解释道："李校长啊，我这么说，你可能一下子有些不理解。其实啊，你仔细想想，国家现在为什么对科普工作这么重视？为什么把科学课程的开设时间调整到小学一年级？"刘国栋顿了顿，自问自答道："科普的目的就是要通过自身工作的开展，最终实现提高全民科学素养的目标。现在，有报道说，随着年龄的增加，大家对科学的兴趣普遍在下降。这一点，在小学生中表现得格外突出。青少年是祖国的花朵，更是祖国的未来。今天的孩子们以后就是建设国家的接班人啊！所以，从这一点上来说，李校长，你看，这人才是不是在你们的学校里？是不是在成千上万个你们这样的小学、中学里？”

听了刘国栋这番话语，李美琪等人不由得深以为然。

“是啊，刘老说很有道理。按照他的解说，自己作为一所小学的实际负责人，这肩上的担子可真不轻呀。”李美琪心想着。

想到这里，她笑着回应道：“刘老，您果然是大家啊！您这么一解说，我马上就明白了。说实在的，您虽然没有从事小学教育，但我感觉，您的这番话真是说到了小学教育的根源上了。我们提了这么多年的素质教育，但在科学素质这方面，我觉得还是不尽如人意。”

随同而来的教导主任和两位教师代表也都点头表示赞同。

刘国栋笑道：“李校长就不要给我老头子戴高帽了。不过，你最后说的那个观点，我还是赞同的。好了，我们言归正传，回到今天的主题上来吧。在教育方面，李校长还有几位老师应该是专家，我想先听听你们的想法和思路。”

李美琪的个人作风很民主，这也使得她在东州快乐小学有很高的威望。无论是一线的教师，还是学校领导成员，大家都从心底里尊重她。

因此，当刘国栋话音一落，李美琪的目光便向教导主任和两位教师代表转了过来。三人看到校长这样示意，也就不再谦让，纷纷开始发言。

首先发言的是教导主任。她干脆利落地说道:“刘老，您好。我们在科学课程的开设和教学过程中，虽然取得了一定成绩，但在实际工作中总是陷入一种心有余而力不足的窘境。您看啊，尽管我们尝试了许多方式和方法的创新，但是，我们也能感觉到，学生们，特别是低年级的学生们还是对科学课程提不起兴趣。”

教授一年级科学课程的马老师接着说道：“关于吴主任的感受，我作为一线的老师，确实是深有体会。当然，我们有些时候也在想，这些一、二年级的小学生，毕竟才刚刚完成从幼儿园学童到小学生的转变，暂时的不适应也是可以理解的。但是，我想说另一个层面的问题：

同样是这些孩子，他们在幼儿园的中班或大班阶段的时候，对科学的兴趣可是非常浓厚的。记得有一次我参加了一个研究所的科普活动。当时，这个研究所的实验室设计了好多趣味实验。幼儿园的小朋友们个个聚精会神地听讲，眼睛都不眨地盯着操作员，唯恐自己一不留神就会错过什么似的。说实话，那种专注的神情，至今都让我记忆犹新啊！”

教授二年级科学课程的王老师点点头，说道：“是啊，刚才刘老说的，我们李校长提到的，还有吴主任和马老师讲的都很好。这些我都赞同，我对此也深有体会。但是，我一直不明白，为什么曾经对科学那么专注、有着那么浓厚兴趣的孩子们，到了小学阶段，也就是一两年的工夫，一下子就泄了气呢？我一直在思考，难道是孩子们日益加重的学业负担‘摧毁’了他们的兴趣？”顿了顿，她又继续说道：“这也不应该啊，据我了解，我们现在可是严格按照上级的部署和要求，一直在给小学生减负呀！”

听了大家的发言，一旁的温素珍插话道："王老师，您是看到了问题的一个方面。确实，我们现在的教育主管部门一直在强调减负，从表面上看，孩子们的负担确实是减轻了一些。可是，大家都应该注意到一个现象——这几年，我们校外的各种辅导班的生意可是越来越好了。作为孩子的家长，我想我是有发言权的。我们这些做家长的，很多时候都很焦虑。说实话，我们也想让孩子真正提高全面素质，而不单单是学习成绩的提升。可是，单凭我们小学一个阶段的努力，那效果最终如何，确实是值得商榷的。"

李美琪点点头说道："是的，现在我们从幼儿园到小学，从小学到初中，都可以做到免试入学，但到了初中毕业的时候，那可就要参加中考了。高中再过三年，学生能不能考上一所好大学，那就要看这么多年的学习积累和高考发挥得怎么样。对于这两次人生中的重大考试，尽管上级教育主管部门也考虑了素质教育的权重，但不可否认的是，最关键的还是考试成绩，正如学生们经常说到的：‘分分分，学生的命根；考考考，老师的法宝。’在这种形势下，大家对成绩过多关注自然是无可厚非的。也就是在这种形势下，外面一些所谓的‘辅导班’，打着提升学生素质的旗号，其实却都是‘挂羊头，卖狗肉’，这一点从我们学校周围那些日益增多的各种各样的辅导班中，就可窥见一斑了。”

听了大家的发言，刘国栋微微一笑，说道：“嗯，刚才大家谈得都很好，既有对事实和现象的列举，也有对背后深层次原因的思考和分析。这点很好。我想我们既然想提升全民的科学素质，对于刚才谈到的那些，大家就不能不认真考虑。实际上，国家对这些问题也早有考虑。”

说完，刘国栋打开了自己面前的笔记本电脑，说道：“大家请看这份文件。”在场的人开始认真地阅读屏幕上的文件，特别是文件中的一段话给大家留下了深刻的印象：“但是，也应清醒地看到，目前我国公民科学素质水平与发达国家相比仍有较大差距，全民科学素质工作发展还不平衡，不能满足全面建成小康社会和建设创新型国家的需要。主要表现在：面向农民、城镇新居民、边远和少数民族地区群众的全民科学素质工作仍然薄弱，青少年科技教育有待加强……”

大家的目光随着刘国栋的激光笔而不断移动，越读心里越振奋。有了这个文件，大家对做好小学生的科普工作就更有信心了。

看完这份文件，刘国栋又说道：“其实，最近几年国家出台了一系列有关推进科普工作的政策法规。我想，只要我们落实好这些政策法规，就一定能够实现我们的目标。当然，具体问题还得具体分析，下面我们就具体谈一谈，如何结合我们东州市的实际，如何结合你们学校的实际，制订出有针对性的措施来。”

大家又开始热烈地讨论起来，这一次讨论是如此投入、如此忘我，以至于大家都忘记了时间。

Chapter 8

期待已久的科普剧

在排练完数次之后，秦雨轩终于长长地舒了一口气。从自己和小伙伴们决定要排练这个科普剧开始，就注定了这是一次不寻常的自我突破和自我实现之旅。秦雨轩原来以为自己有过在东州市少年宫语言表演班的训练经验，排练这样一个小小的科普剧应该是轻车熟路、十拿九稳的。可是，事非经过不知难，等到真正开始操作的时候，秦雨轩才发现压根儿没那么容易。首先是剧本的选择。毕竟成员还是小学生，对于太深奥的知识，他们不是太清楚，所以在科普剧目要表现的科学思想和科学知识方面，他们就讨论了好久，好不容易确定了演出主题，谁来撰写适合表演的剧本又成了摆在他们面前的一道难题。

他们这个演出小组虽然热情有余，但在文字表达方面，貌似都不是很擅长。秦雨轩最初想请班里的小学霸凌心怡帮忙写剧本。谁知道他还没有和凌心怡说完自己的意图，后者就不屑一顾地拒绝了。毕竟，在凌心怡看来，秦雨轩这样的同学，平时学习成绩就很一般，现在居然要突发奇想地排演什么科普剧。在凌心怡看来，就像多数同学说的那样，这个秦雨轩真的是不务正业中还有点异想天开。于是乎，我们的小学霸凌心怡非常干脆利落地拒绝了秦雨轩的邀请。

不过，秦雨轩倒是没有气馁，他心想："既然凌心怡不愿意给我们写剧本，那我们就自己动手。对了，老师也说过'自己动手，丰衣足食'嘛。"于是，这些对科普剧有着天然热情的小家伙们真的就开始了自己的创作之路。大家一边商量，一边写作，心里均憋着一口气："哼，等我们写好了剧本，排好了剧目，到时候让你们瞧瞧，我们究竟是不是‘癞蛤蟆想吃天鹅肉’。”

带着这股子“不蒸馒头争口气”的劲头，还别说，在秦雨轩的带领下，几个小伙伴真的鼓捣出了科普剧的剧本。因为不知道最终的剧本应该是什么样子，他们就边写边设想表演的情景，只要感觉表演起来有生涩别扭的情况，就马上商量修改。如此一来，他们借鉴了网上相关科普剧目的视频和文本的创作经验，再加上实际操作层面的探索，最后这个剧本还真的是像模像样。

剧本的事情搞定以后，他们就开始了紧锣密鼓地排练。为了避免影响别的同学和老师，他们经常是抽周末的时间排练，有些时候下午放学后写完了作业，就抓紧时间排练一下。这样一来，几个孩子的父母倒是感觉很奇怪，平时这几个小朋友，一说写作业，不是磨磨蹭蹭，就是拖拖拉拉。而最近这段时间，他们居然能够积极主动地完成作业，而且在检查时，作业的准确率也大为提高，家长们在吃惊之余，更多的是一种欣慰。

等到排练基本定型之后，秦雨轩又找到了教授科学课程的白老师，邀请她为大家把关。毕竟，一直是他们几个学生在慢慢摸索，虽然自己觉得不错，但不知道水平究竟行不行，等到正式演出的时候，观众是否会认可。

他们带着忐忑不安的心情找到白老师，紧张得有些结巴，说明了来意之后，白老师明显地惊呆了：想不到啊，这几个平时在大家眼里的“后进生”，居然无声无息地做了这么大一件事。

可是，当她看完孩子们的演出后，不由得在心里为他们的创意和付出而惊叹和感动。虽然整个剧目中的个别地方的处理方式还有进一步提升的空间，但是，在整体上，就他们所处的年龄层次而言，已经做得相当好了。

看着孩子们期待的眼神，白老师高兴地说：“秦雨轩，老师不得不说，你们几个的表演真是太棒了。故事情节引人入胜不说，而且也很好地阐述了自己要表达的主题，特别是对科学思想和科学精神的把握，我觉得非常到位。”

秦雨轩他们听了白老师的话语，紧张的心情这才得以放松下来。秦雨轩小脸儿微微涨红，反复追问道：“白老师，您说的是真的吗？我们的表演真的有您说得那么好吗？”

在看到白老师再次点头肯定的时候，秦雨轩他们高兴地互相击掌庆祝，大喊道：“耶！”

看着孩子们兴奋而开心的笑脸，白老师也感到很欣慰。国家对科普工作越来越重视，而在这其中，青少年又是一个非常重要的受众群体。尽管教育部门已经把小学科学课程开设时间提前到小学一年级了，而且这么多年来小学各年级也一直在开设相关的课程，但是，作为一名在这门课程一线耕耘多年的教师，白老师总觉得还是有些不足和遗憾。现在，秦雨轩等同学充分发挥自己的主观能动性，通过个人努力和积极准备，以科普剧的形式展示了他们在学习科学知识、践行科学思想方面所取得的成绩，这本身就是一种创新和收获。

想到这里，白老师心里一动，继续说道："同学们，不过，你们这个剧目还有些不足。老师呢，正好有一个朋友，他在咱们市科学技术协会工作，是这方面的专家，抽空咱们一起去找他，让他再给你们进行一次专业的指导。你们看，这样好不好？"

秦雨轩听了白老师的话，兴奋地脱口而出道："白老师，这有什么不好的，能得到您和您朋友专业而权威的指导，我们求之不得啊！"

白老师听了之后，笑着指着他说道："你们几个家伙，也学会拍老师的马屁了啊！"

说完，她自己先笑了起来。秦雨轩和同学们也都哈哈大笑起来。

之后，在白老师和东州市科协专家的指导下，这个科普剧打磨得愈加精彩和到位了。

于是，也就有了第 101 次的排练，也是正式演出前的最后一次排练。

看着虽然疲惫但精神头十足的伙伴们，秦雨轩说道："同学们，今天晚上可就是咱们的正式演出了，成功还是失败，可就在此一举了。我希望咱们继续发扬在篮球场上敢打敢拼的精神，好好努力，认真演出，力争我们第一次就来个开门红，你们说，好不好？"

小伙伴们被秦雨轩充满鼓励和号召力的话语所鼓舞，大声喊道："好！没问题！我们一定会成功！"

艾科学早在三天前就接到了秦雨轩的正式电话邀请。听到雨轩哥哥排练了一个科普剧，而且就要在三天之后正式演出，她心里别提有多开心了。

"雨轩哥哥，你好棒啊！我真的好佩服你呀！你放心，我一定会到现场观看你们的演出，为你们加油喝彩！"顿了顿，她又继续说道："不知道你们那里的座位数有限制吗？"

秦雨轩没有想到艾科学会这么问，反问道："小可，你的意思是？”

“雨轩哥哥，如果你们的座位数足够多的话，我想带上我们班的几个同学一起去，他们呀，有的是像我一样，特别喜欢科学知识，还有的则不怎么喜欢科学知识，我想正好借此机会，给这些不喜欢科学知识，平时却又不知道从哪里看了一些伪科学知识的家伙们，好好上一课。”艾科学想到自己曾经和李小龙的辩论，这样解释道。

听到原来是这么一回事，秦雨轩笑道：“小可，没问题，既然你有这么好的想法，那我就给你留 20 个座位，怎么样？够不够？”

艾科学听到秦雨轩这么仗义的话语，高兴地说道：“雨轩哥哥，够了，差不多有 10 多个就可以了。”

晚上，秦雨轩学校的礼堂十分热闹。

可以容纳 300 人的礼堂，此时此刻座无虚席。秦雨轩原本还认为大家可能对科普剧不一定感兴趣，结果，当演出海报一贴出来的时候，秦雨轩所在学校的学生们都沸腾了。

学生的这种反应也让老师们大吃一惊。校长向天楠和其他学校领导紧急磋商后迅速做出一个决定：此次科普剧将连续演出10场，请各班班主任按照学校统一安排，分别组织学生观看。

今天是秦雨轩的第一场演出，最后的观众限定为学校的一、二、三年级各一个班，总计150名学生；东州市科协安排的相关兄弟小学的观众代表们，总计100多名；另外还有学校的老师们，特别是教授科学课程的老师们。

为了给秦雨轩等学生加油助威、营造氛围，白老师还特意在请示校长后，通过自己在科协的朋友，邀请到东州市科协主席李昊前来观看演出。

李昊得知是来参加这样一个科普剧的活动，非常高兴，很痛快地答应了。同时，他还把清江省其他兄弟市的科协同仁请来了。当然，这些同仁也都不是白来观看

WOW 卖
木材

翁“穿越”了

演出的，他们也都带来了各自的科普剧。于是，当天，在秦雨轩所在的学校，一场科普剧“盛宴”即将开始。

整整一个半小时，艾科学和她的同学们，还有现场观看的老师、学生，无不聚精会神地观看着。特别是当秦雨轩等人出场的时候，整个会场报以热烈的欢呼声和掌声——毕竟，这是在他们自己的主场。

秦雨轩他们带来的科普剧名字是《WOW！卖炭翁“穿越”了！》。他们采用了当下流行的穿越手法，把唐代诗人白居易诗中的人物搬上了舞台。整个剧目人物刻画及表演到位，故事情节跌宕起伏，特别是台词在让人忍俊不禁的同时给人留下了深刻印象。现场观众一致认为，这个科普剧把发展森林碳汇、加强和促进碳交易，以及积极应对温室效应等内容诠释得通俗易懂，让人观后很受启发。这种形式对于小学生，乃至初中生来说，都是一次可贵的对科普工作的有益探索和积极尝试。

当秦雨轩说完最后一句台词的时候，在现场的艾科学再也按捺不住，大喊一声“好”，并率先站了起来，使劲儿地鼓起掌来。一旁的李小龙先是一愣，也紧跟着站了起来，随同艾科学一起鼓掌。在他们的带领下，现场的观众纷纷起立，为秦雨轩等人的精彩表演鼓掌祝贺！

此时此刻，秦雨轩紧紧地和他的小伙伴们拥抱在一起，脸上洋溢着开心的笑容。

Chapter 9

公众科学日

时间过得很快。在艾科学看来，自己好像还在观看《WOW！卖炭翁“穿越”了！》的演出现场，可是，在不经意间，一年一度的科学院公众科学日又悄然而至了。

从东州市到西州市，已经开通了高铁列车，艾科学和妈妈温素珍乘坐早上 7 点 15 分的列车，经过 1 个小时左右的车程，到达西州南站。

下车后，在地下停车场一层，她们很快便打到了出租车。

一上车，艾科学就好奇地问司机道：“叔叔，怎么你们这里的出租车都是这种样式的呢？”

司机是一个小伙子，听到艾科学这么问，高兴地回答道：“小朋友，哈哈，要说你问这个问题，可真是问对人了。这是我们西州市刚刚更换完毕的出租车。西州市一共有 8000 多辆出租车，这次全部更换成纯电动出租车。嘿，你们看，我这车子，是不是乘坐的感觉特别舒适？这车内的空间相比以前的旧车，可是宽敞了不少。再看这车的外形，蓝白相间，是不是特别漂亮？以前我们是烧汽油，后来改成油气混合，乘客总觉得乘车时有一种难闻的味道。嘿，现在用上这纯电能，可真是清洁又环保啊！”

听到司机师傅这样说，温素珍不由得微微一笑，看来，这司机是享受到了车辆更换带来的好处了。

“师傅，您好。我问一下，你们这车辆更换，难道就没有遇到什么阻力吗？”温素珍的问题直中要害。

司机一愣，随即爽朗地笑道：“怎么没有？你别看我现在这么赞同，可是在市客运办决定更换车型的通知刚刚出来的时候，说实话，我这心里也是抵触的。”

汽油车

新能源车

不好

汽油

好

欢迎您参加中国科学院第14届公众科学日

TAXI

“哦？为什么？”温素珍和艾科学异口同声地问道。

“为什么？还不是因为吃了没有文化的亏。咱以前调皮捣蛋，初中没有毕业就辍学了，外出打了几年工，也没有挣下什么钱，再加上父母年龄越来越大，身体也不好，我就回来了。你想啊，我一没有多少文化，二也没有什么技术，能干什么？想来想去，我决定还是干出租吧。跑了几年出租，我见证了油价的上涨给司机带来的痛苦，好在政府号召我们进行油改气，让我们的损失减少了不少。不过，你说啊，无论是汽油也好，还是液化的石油气也好，我们看着都差不多，都是液体，所以我们在思想上还是能够接受的。”司机师傅说了一会儿话，有些口渴，喝了几口杯子里的水。

放下杯子，他又继续说道:“这油改气我刚接受不久，忽然之间，政府又要推广电动车。说实话，当我第一次听到这说法时，我这思想上一下子转不过弯来。咱没有文化，也不懂科学。听和我一起跑车的师傅们说，这电动车有三个不好：一是辐射大；二是充电难；三是维修率高。我一听，这不是没事找事嘛！咱的哥和的姐，平日里就是风里来雨里去，为了挣钱，连厕所都不敢轻易上，吃饭也没有个准点儿，得了一身职业病，现在换成辐射大的电动车，岂不是雪上加霜？再说了，出租车怎么能多挣钱？还不是靠多拉活儿嘛！这电动车可倒好，充电难、充电慢，充满一次还跑不了多少公里，再加上维修率高，我怎么挣钱？”

听着司机的话语，温素珍暗自思虑道：看来西州市能把出租车全部换成电动汽车，还真的不是一蹴而就的。

“那后来呢？是什么让你转变了观念？”温素珍询问道。

“说起来也简单。咱们虽然没有多少文化，但现在这个世界的资讯还是非常发达的。我们呢，每天跑车，也会接触形形色色的乘客，这里面也有不少科学家，有时候就聊起电动车来。市里也给我们组织了几次科普讲座。我们和别人聊得多了，听得多了，慢慢地，我们的观念就转变了。”司机回答道。

温素珍点点头，心想：看来，科普还是蛮重要的嘛！要不然，这位司机师傅也不会这么快就接受了新生事物。

“叔叔，我问您一个问题啊。您开现在的车子，是比以前赚得多了，还是少了？”艾科学忽然插嘴问道。

“嘿，你这个小朋友有意思啊。叔叔告诉你啊，咱们说得再多都没有用，要是不赚钱或少赚钱，我们肯定也不答应啊！你看，我给你简单地算一笔账：我们换车时，如果是烧汽油，成本是 1 公里 4 毛钱，后来油改气，用气的成本降低到 1 公里 3 毛钱，现在呢，用电的成本则是 1 公里 2 毛钱。因为我们现在的充电桩还不够多，下一步等充电桩多了之后，市场有了竞争，充电价格将会更低，到时候，1 公里肯定用不了 2 毛钱。你算算，我这成本比以前降低了一半，能不多挣钱吗？”司机师傅高兴地说道。

艾科学听了点点头，心里算道：要是这样降低成本法，肯定可以多赚钱啊。“不过，这维修保养费用有变化吗？”她忽然又有了一个问题。

司机听了她的再次发问后说道：“嘿，你这个小姑娘，真有意思，我看你长大以后，不去学会计什么的，都亏了你这个人了。之前我们确实顾虑纯电动车维修率高，但实际上这是我们的一个误解。相比原先的车，现在这车最少可以节省一半保养费。”

听了司机的回答，温素珍和艾科学不由得都点点头，说道：“看来，这还真的是一件利国利民的大好事啊！”

“那可不，我再告诉你们一组数据啊，”司机忽然有些神秘地说道：“客运办的领导跟我们讲啊，我们现在通过更换纯电动车，全市所有的出租汽车每年可减少数十万吨的碳排放量。你看看，我们对环境保护和国家的生态文明建设也是蛮有贡献的嘛。”

“啊？”艾科学不由得一声惊呼：“叔叔，您也懂这些啊！”

司机有些不好意思地挠挠头，说道：“我不是说了嘛，咱以前不是个好学生，现在条件好了，咱可要好好学科学、用科学啊！”

车辆已经顺利地来到了西州市的煤炭研究所，付过车费之后，艾科学便和母亲一起快步走进这所科研机构。

她们一进研究所的大门，首先映入眼帘的就是一条红底白字的横幅“欢迎您参加中国科学院第 14 届公众科学日”。门口已经聚集了不少慕名前来参观的人。身着统一服装的志愿者正热情地引导大家前往学术报告厅。今天，研究所为大家准备了三个有趣的科普讲座，分别是“煤的前世、今生和未来”“氢与美丽的地球——未来有约”“神奇的碳——炭材料改变人类生活”。

艾科学拿到科普专刊后，在现场还领到了一本科普图书，图书的名字就叫《科学好好玩：神奇的煤炭》。一拿到这本书，她就不由自主地翻看起来，当她打开正文的第一页时，不由惊呼道："哇，这书里有一个孩子的名字居然和我的名字一样。"

她正要和母亲讲述自己的新发现，忽然，现场的观众一阵骚动，大家热情地呼喊道："看！科普达人来了。"

Chapter 10

科普达人来了

艾科学随着人流，紧抓着母亲的右手，兴奋地往前走。

看着激动的人群，温素珍的心里有些发紧，希望不要出现踩踏之类的安全事故，毕竟现在的人流量有些大。不过，她很快就发现自己的担心是多余的，因为这次活动的主办方在组织工作方面是精心安排过的。

最初的骚动很快就平息了。很快，周围的志愿者就发挥了他们应有的作用，协调引导大家，规范有序地重新排好队伍。不远处的科普达人看到这种情况，在和大家挥手示意后，就暂时离开活动现场。现场的人群看到这种情况，虽然心里有些焦急和不甘，但只好暂时按捺住自己的性子，听从活动组织方的安排，缓慢而有序地继续前进。

随着大家一同前进，现场的一名活动组织者说道："各位参加本次公众科学日的来宾们、大朋友们、小朋友们，大家上午好，首先欢迎大家来到科学院煤炭研究所参加本次公众科学日的活动。对于这次活动，我们研究所的领导班子高度重视，多次就如何开展活动进行了研究。今年我们继续保持了以往的特色和品牌项目，如邀请年轻的科学家为大家做三个科普讲座；同时，还针对参加本次活动的不同受众，为小朋友们安排了神奇的趣味小实验，也针对大学生朋友的个性需求，安排了所里负责研究生招生工作的老师给大家做研究生的招生宣传。"

这位组织者一边向听众讲解，一边示意周围的志愿者为大家发放宣传资料和饮用水。

"当然了，我们仍旧会安排大家参观相关的实验室。因为今天的人数比较多，所以在科普报告之后，我们将会分成三支队伍，大家分别轮换进行参观。在这里，我也提醒大家，在参加活动的时候，要特别注意安全问题；同时，在参观实验室和聆听科普报告的时候，大家要注意保持肃静，给科普活动创造一个良好的环境。”他继续说道。

“叔叔，那要是我们有问题怎么办？你不让我们说话，我们怎么提问呢？”艾科学忽然问道。

这名组织者听到艾科学的发问，稍微一怔，旋即笑着说道：“小朋友，你这个问题问得很好。叔叔刚才说的是我们在参观实验室和聆听报告的时候要注意保持安静，之所以这样要求，主要是为了活动的整体效果。当然了，你的问题我们也考虑到了。我们会在报告的最后及参观实验室的时候，专门留出互动提问的时间。这样一来，你看，我们既不会因为个人提问而影响集体的感受，也不会因为过多强调集体的感受，忽视了个人的需求。这样，是不是二者都兼顾了呢？”

听到艾科学的提问和组织者的回答，人群里爆发出一阵善意的笑声。

“叔叔，我这个问题解决了。可是，我刚才听到大家在喊科普达人，我离得有些远，没有看得太清楚，不知道是哪位科普达人？”艾科学又发问道。

艾科学这个问题一出来，原本已经有些平静的人群又显得急切起来。因为前面看见科普达人的人已经进入实验室内部，所以并没有听到艾科学的发问，而队伍后面的人和艾科学一样，都看得不是太清楚。

组织者笑道：“小朋友啊，看来你对科普还是蛮感兴趣的嘛。不过，这个问题，请原谅叔叔暂时不能告诉你，因为这是我们今天活动安排的意外之喜。”顿了顿，他又有些神秘地说道：“不过叔叔可以给你透露一点，我们今天的科普达人可不止一位哟。”

“啊？还有别人？”组织者的话音刚落，不仅是一旁的艾科学很吃惊，现场的其他人也都发出了一阵惊喜的欢呼声。于是，大家不约而同地加快了脚步，心里都希望早点揭开谜底，见到这些科普达人。

艾科学弄明白了这些情况，没有再说什么，而是翻开手中的科普图书——《科学好好玩：神奇的煤炭》，津津有味地阅读起来。

人们陆续进入了研究所的学术报告厅，等到大家坐好之后，本次活动的组织者以一段极其凝练而信息量又特别丰富的致辞开始了今天的活动。主持人在介绍了今天活动的全部议程及研究所的三位青年科学家之后，又说道："各位来宾，各位朋友，今天除了刚刚向大家介绍到的相关安排，我们还非常荣幸地邀请到了两位科普达人来到活动现场，他们将会通过多种形式参与到我们的活动当中。下面，我就隆重地向大家介绍这两位嘉宾。"

听到主持人这样介绍，艾科学和在场的所有的观众，都不约而同地鼓起掌来。

"哇！看来大家对我们的科普达人还是蛮期待的嘛！首先，我向大家介绍的第一位是来自科学院天文台的博士。”随着主持人的介绍，博士满脸笑容地来到台前，看着台下座无虚席的观众，他的心里也非常高兴。

艾科学平时就特别爱看科普书，这位博士编著的书，她更是看了好多遍。今天和妈妈来参加公众科学日活动，艾科学最初的想法就是再深入了解一下煤炭方面的科学知识，顺道再好好参观一下这里的国家重点实验室，但她没有想到居然会有这样的意外之喜——可以见到心中崇拜的科普作家。想到这里，艾科学的心里别提有多高兴了。

“各位现场的小朋友、大朋友们，非常高兴能在这里见到大家，作为一名科普工作者，看到大家对科学这么热爱，这么着迷，我真的是非常感动。”顿了顿，他微笑着向大家示意，又继续说道：“大家都知道我写了一本科普图书，应该说这本书出版之后，社会反响还是相当不错的。告诉大家一个好消息，这本书将会修订再版，大家很快就可以看到新版的图书了。”

现场的观众听到博士这番话，不约而同地鼓起掌来。科普图书的价值就在于向公众通俗化地传播科学知识。一本图书的出版，尽管会经过严格的审核程序，但难免还会有瑕疵和谬误之处。现在，博士说自己的图书将会在今年修订再版，这本身就说明了作者是一个严谨而负责的人。这种做法，对科普图书来说，无疑具有重要的意义。

“应该说，我的研究方向主要是天文学方面，我主要从事月球与行星地质的研究，从这一点来说，我的研究领域和煤炭研究所同仁的研究课题也是有一定联系的。这也是我今天来的主要原因。”博士继续说道。

艾科学有些按捺不住地举起了自己的小手。

博士看到后，笑着示意她可以提问。

艾科学站起来，大大方方地说道：“博士，您好，我有一个小问题，不知道可以问吗？”

博士笑着回应道：“当然可以啊，小朋友，你的问题是什么？”

艾科学说道：“博士，我想问的是，您今天来这里只是和我们简单见个面，还是会给我们做一场科普报告呢？”略微停顿了一下，她又说道：“要是您仅是和大家见个面，那我现在就把我在看您写的书的过程中遇到的疑惑向您请教，要是您还有科普报告的话，那我就等着听完报告之后，在互动提问环节再向您请教。”

博士没有想到艾科学会这样向自己发问，不由得多看了这个小女孩儿几眼。他心想：看来，这是一个热爱科学、喜欢科普的好苗子啊！

“小朋友，叔叔告诉你……”博士说到这里，故意拉长了自己的声音，有些吊胃口的意思。看到艾科学和其他观众都一脸期待地等着他回答的时候，他才说道：“我今天当然不单是给大家带来了科普图书，我还将为大家做‘未来 100 年，人类将走向哪里’的科普报告。”

在得到博士的肯定答复后，艾科学和现场的观众不

北

由自主地再次鼓起掌。

博士向下压压双手，笑着说道："不过，在我正式开始自己的报告前，我还将向大家介绍参加今天活动的另一位科普达人，那么，她是谁呢？她到底是谁呢？"

在大家期待和热烈的掌声中，有些眼尖的观众已经从讲台的转角处看到了一个熟悉的身影。等到这人站到台前时，博士的声音再次响起："对，参加我们今天活动的另一位科普达人就是我们的导航女神，大家欢迎！"

"哇，好漂亮啊！"一个声音说道。

"哇，我昨天还看到她了呢，就是在电视节目中看到她的！"另一个声音又说道。

艾科学同大家一样，兴奋地跟着一起呼喊着。一旁的温素珍笑了笑，心里想：看来这次来这里参加活动真的是不虚此行啊！没有想到这两位科普达人在现场观众的心目中居然有这么高的人气，这本身就值得鼓励和提倡。

曾几何时，我们的民众，特别是我们的青少年一代的眼睛里只有一些歌手或演员，温素珍一度不敢想象，如果孩子们心目中的偶像只有歌手或演员，那我们这个民族的未来、我们这个国家的希望，究竟会在哪里?

此时此刻，就在这个学术报告厅里，无论是孩子们，还是陪同前来的家长们，都对这两位科普达人和科研明星如此地认同，这又如何不让人欣慰呢?

Chapter 11

又遇褐煤大宝

一天的活动紧张而充实。

等温素珍带着艾科学坐上返程的高铁时，她都觉得有些累了。一旁的艾科学虽然神色有些疲惫，但还是爱不释手地翻看着主办方赠送的相关资料。

或许是担心她过于耗费心力，温素珍关切地说道："小可，今天一天我们的行程排得可是够满的，现在高铁刚刚发车，你稍微休息一下吧！"

听到妈妈这样说，艾科学原本不打算立即休息的，可不知道怎么的，忽然间，一阵无法抑制的困意涌上来，她还没有来得及和妈妈打个招呼，便睡着了。

一旁的温素珍看到女儿这样，不由得一笑，心想：

这个小丫头，还说不休息，这么会儿工夫就睡着了，到底还是小孩子的心性。

温素珍打开随身携带的笔记本电脑，开始处理起自己的电子邮件来。

艾科学恍恍惚惚地感觉自己来到了一个曾经来过的地方，正迟疑间，肩膀被人轻轻地拍了一下。

她满脸疑惑地转过身来，瞬间又惊喜地喊道："嘿，褐煤大宝！啊不，大宝叔叔，怎么是你？"艾科学高兴地问道。

褐煤大宝没想到艾科学居然一下子就认出了自己，想到刚才自己还准备和她搞个恶作剧，不由得脸色微微一红，随即说道："小可啊，好久不见，没想到你会一下子把我认出来，本来呢，我是想给你一个惊喜。"

"哈哈，大宝叔叔，给我一个惊喜？嗯，确实够惊喜的。不过大宝叔叔，上次咱们在快乐饮料店时，你怎么也不等我，自己就先走了呢？"艾科学的记忆力很好，她马上追问道。

“哎，这个，这个……”褐煤大宝没想到艾科学这么认真。时间都过去那么久了，她居然还记得这件事情。

上次褐煤大宝本来是打算带艾科学去见煤炭精灵王国里的精灵元老的，然后将科普小天使的勋章一并授予她，可就在自己打算这样做的时候，精灵王国里突然发出了示警的信号，自己不得不赶紧离开。由于情况紧急，仓促之间，他就没有顾得上向艾科学进行详细的解释。没想到这个小姑娘再次和自己见面，第一时间就询问上这件事情了。

因为事情关乎煤炭精灵王国的安危，褐煤大宝在决定和艾科学第二次会面时，还专门去拜访了精灵元老，询问是否可以将王国里的一些情况告知艾科学。元老认为暂时还不宜告诉艾科学，但元老提醒褐煤大宝可以带上科普小天使的勋章，然后代表煤炭精灵王国授予艾科学。

“哎呀，小可，上次叔叔是因为有紧急的事情要处理，所以才不告而别，真是对不住了。”褐煤大宝一边说着，一边观察艾科学的神色，果然，她的眼睛里满是探究和询问的神态。

褐煤大宝想着凡事不宜拖，赶忙拿出那枚珍贵的科普小天使勋章，笑着说道：“小可，你看，叔叔给你带来了什么？”

艾科学被褐煤大宝手里的勋章吸引了，这枚勋章小巧而别致，隐隐地还泛着一种特殊的光泽，而最吸引艾科学的却是这枚勋章上还镌刻着一个特殊的符号。这个符号似乎有着特殊的魔力一般，艾科学的目光不由自主地被牢牢地吸引了过去。

看着艾科学如此专注，褐煤大宝才放下心来，心想：嗯，这就好了，她对这枚勋章感兴趣，那就不会再对自己刨根问底了。

艾科学似乎全然忘记了外界环境，看着那个特殊的符号，她的眼前仿佛出现了一块彩色的银幕，通过这块银幕，许多她想知道的科学知识都以视频的形式快速地展示起来。她不由得惊呼道：“好神奇啊！”可是，还没有等她再次开心地喊叫，这块银幕倏忽间又幻化成一个巨型图书馆的模样。在这个图书馆里，无数个书架矗立在艾科学的眼前。她不由自主地触摸了一下，还没来得及多想，她的手里就多了一本《煤炭应用工艺大全》。心随意转，这本图书竟自己翻动了起来，图文并茂，而且还是全彩印刷，每一页都附带一个或几个类似二维码的图形。

艾科学触动了一个二维码图形，随即一个稳重的声音响了起来：“煤中水分有外在水分（表面大毛细管吸附）和内在水分（内部小毛细管吸附），这二者为游离水，还有化合水。含量的多少和煤的变质程度及外界环境有关……”

艾科学听到这个声音，暗自点点头，她记得刘爷爷曾经给她讲过这个内容。看来，这枚勋章不单是一枚勋章那么简单，它还是一个知识的“殿堂”和“宝库”呢！

艾科学这么一想，倏地一下，她又清醒了过来。她看了一下，眼前什么也没有，那枚勋章仍旧在褐煤大宝的手里。

褐煤大宝或许是知道些什么似的，可他却什么也没有说，只是笑嘻嘻地看着艾科学。

“叔叔，这枚勋章好漂亮啊，是给我的吗？”艾科学有些急切地问。

“当然了，叔叔这次和你见面，主要就是为了代表煤炭精灵王国授予你这枚勋章的。”褐煤大宝脸色庄重地说道。

“嗯，谢谢叔叔，既然这样，那我就接受了。”艾科学说完，准备从褐煤大宝的手里接过勋章。

可是，还没有等她做出这个动作，那枚勋章忽然从褐煤大宝的手里飞了起来，在天空中绕着艾科学转了几圈，最后落到艾科学的胸前，一下子就不见了。

“啊？勋章哪里去了？”艾科学不免有些焦急地问道。

褐煤大宝又流露出那种顽皮的神色，指着艾科学的胸前说道：“小可，你低头看看，勋章不是已经在你身上了吗？”

艾科学随着褐煤大宝的手指方向，低头一看，果然，这枚科普小天使勋章已经佩戴在她的胸前了。她忍不住伸出自己的右手，打算去摸一摸，可她却觉得好奇怪，因为当她的手掌放到自己左胸时，并没有触摸到实体的勋章，相反，她惊奇地发现，这枚勋章似乎又在她右手的手背上了。

咦？这是怎么回事？艾科学不免有些好奇，随即又望向了褐煤大宝。

褐煤大宝看着艾科学吃惊的样子，笑着说道：“小可，这就是我们煤炭精灵王国的神奇之处了。这枚勋章是我们王国的信物和宝物之一，它只属于和我们有缘的人。

你现在拥有的这枚勋章，已经被王国里的元老注入了智慧和力量。所以呢，它看起来虽然有实体的形态，可是一旦被我们选中的人所接受，就会和自己的新主人融为一体。如此一来，其他人是很难发现的。”

听到褐煤大宝这样解释，艾科学恍然大悟，心里暗自想：自己正担心万一被周围的人发现了这枚勋章该如何解释，现在褐煤大宝的这番解说则彻底地打消了自己的顾虑。

褐煤大宝看着艾科学沉思的样子，继续说道：“为了确保勋章不被别人发现，小可，当你醒来之后，它就会完全消失不见。”

艾科学听到褐煤大宝这样说，不由得着急地问道：“那这样的话，我还是和没有这枚勋章一样啊。”褐煤大宝笑着摇摇头说道：“不一样的。比如，当你以后遇到类似难题需要咨询和解决的时候，你就会陷入沉思的状态，那么，这枚勋章就会自然而然地出现了。”

“哦，原来是这么回事。”艾科学心中的石头总算落了地，她再次低头看了看自己的这枚勋章，她是越看越想看，越看越喜欢。

看着她那爱不释手的神色，褐煤大宝想到自己此次前来还有另一个重要的任务没有告诉她，于是又故意咳嗽起来。

艾科学有些不解地看着褐煤大宝，疑惑地问道：“大宝叔叔，您是怎么了？怎么老是咳嗽呢？”

褐煤大宝有些不好意思地挠挠头，说道：“小可啊，这枚勋章的事情咱们暂时就说到这里，叔叔现在还有一件事情，嗯，或者说是一个任务，要拜托你完成。”

听到褐煤大宝这样说，艾科学不禁好奇地问道：“一个任务？什么任务？叔叔，您觉得我可以完成吗？”

褐煤大宝正色道：“肯定没有问题。你前段时间不是观看过一场科普剧表演吗？这个任务和这场科普剧有很大的关系。”

听到褐煤大宝这么说，艾科学的心才放到肚子里。

褐煤大宝继续说道：“小可，今年国际科普剧表演大赛将举行，本次比赛的主办方是新加坡科学馆，联合主办方是中国科学同盟网、菲律宾思维博物馆和泰国国立科学馆，轮值主办方则是马来西亚的吉隆坡科学探索中心，比赛的地点也是在吉隆坡科学探索中心。目前已经可以报名参赛了。”

艾科学听了，问道：“这次比赛的主题是什么呢？”

褐煤大宝下意识地再次挠挠头，笑着说道：“小可啊，真是不好意思，你看，我一着急就把这么关键的信息给忘了。今年比赛的主题是运动中的科学，分为三个组别。鉴于你的实际情况，你可以组队参加小学组的比赛。”

艾科学听了之后，点点头说道：“既然是精灵王国交给我的任务，我一定会认真完成的。正好，我可以找雨轩哥哥一起参加，嗯，还有我们班的李小龙，他们都是热爱科学的同学，我相信有了之前科普剧的经验，这

WOW 卖炭翁“穿越”了
木材
煤炭

次比赛我们一定会取得好成绩的！”

说到后来，艾科学的声音里已经满是坚决和自信。

褐煤大宝看着她，心里也满是欣慰：看来，艾科学担任煤炭精灵王国的小天使真是实至名归啊！

“东州站就要到了，感谢您一路对我们的信任和支持，期待下次再见……”艾科学还沉浸在与褐煤大宝再次相遇的梦境里，不经意间，耳旁响起了列车即将进站的温馨提示。

“小可，醒醒，我们到了。”温素珍已经收好了自己的笔记本电脑，温柔地呼唤着女儿。

Chapter 12

奇妙的辩论赛

夜色已深。

艾科学第一次失眠了。

今天对她来说，真是格外难忘的一天。她不仅有幸见到两位科普达人，聆听了他们所做的科普报告，而且还参观了相关的国家重点实验室，亲手参与了科学小实验。特别是在返程的路上，她再次遇到褐煤大宝，还接受了煤炭精灵王国授予她的科普小天使勋章。最后，她还接受了褐煤大宝给她布置的参加国际科普剧表演大赛的任务。万籁俱寂之时，这么多的场景一幕幕宛如放电影般再次在艾科学的脑海里闪现，她既开心又兴奋，如此一来，就有些睡不着觉了。

温素珍因为晚上临时有重要的工作要处理，所以当艾科学在卧室中辗转反侧的时候，母亲并没有发现她有什么异样。

艾科学高兴了一会儿，又忽然想到褐煤大宝的话——要是自己遇到问题需要咨询的话，可以通过沉思来加以解决。于是，她赶忙想了一个平日里早就很困惑的问题，而这个问题因为种种原因并没有及时得到刘爷爷和父母的解答，正好借此机会可以检验一下褐煤大宝所说的话是否属实。

艾科学在心里这么一想，瞬间，她的眼前又出现了那枚科普小天使的勋章。随即，一个大报告厅的图像显示在她的面前。隐隐约约间，她似乎还听到了激烈的争吵声。

没有过多地思考，她信步走了过去，好奇地轻轻推开了那扇报告厅的大门。

大门一打开，豁然开朗，原来里面别有一番洞天。

这里正在进行一场激烈的辩论赛。辩论赛的题目正是艾科学最近一段时间一直在思考的问题：煤炭究竟是能源，还是资源?

报告厅里的人似乎并没有注意到她的到来。艾科学原本还担心自己的不请自来有些唐突和不礼貌。现在一看，大家貌似没有注意到自己，她心里暗自庆幸，便找了一个空位坐下来。

她刚坐好，台上的主持人便开始说道："各位评委、各位选手和现场的观众朋友们，刚才，我们公布了本次辩论赛的题目。正方的题目是'煤炭是能源而不是资源'，那么，与之相对应的就是反方的题目：'煤炭是资源而不是能源'。按照事先设定的规则，我们已经抽签决定了正反方，同时也给大家留了 10 分钟的准备时间……现在，时间已经到了，准备工作也已经就绪，那我们马上正式开始今天的辩论赛。首先，我们有请正方一辩阐述己方的观点，限时 3 分钟！"

听完主持人的话语，敢情自己是来得早不如来得巧啊！在门外听着里面吵吵闹闹的，原来不过是人家的赛前演练。现在自己刚刚到，而比赛正巧马上就要开始了。想到这里，她心里一动：难道说这是那枚科普小天使勋章的功劳？

“我方认为，煤炭是能源而不是资源。之所以这样认为，我方是基于以下三点判断……”艾科学心里还在琢磨自己能有幸参加这场辩论赛是否是勋章的功劳时，场上的辩手已经开始阐述自己的观点了。

她赶忙凝心静气，聚精会神地听起来。

随着双方辩手观点的不断深入，艾科学心中的困惑也在一点点消除。特别是在精彩的自由辩论阶段，双方唇枪舌剑，更是让她觉得十分过瘾。双方辩手使出浑身解数，不断夯实己方立论基础和论据根基，而又反应迅速、出其不意地给对方以致命打击。双方你来我往，你争我抢，不时赢得现场观众和评委的阵阵掌声。

终于，到了辩论赛的最后阶段，主持人说："下面，有请正方四辩做最后总结陈述，限时 4 分钟！"

艾科学看到正方四辩起立，面向评委和观众致意后，开始总结陈述，她说道："各位评委、主持人、对方辩友，刚才我们围绕'煤炭究竟是能源还是资源'进行了激烈而精彩的讨论。正所谓道理越辩越明，我相信经过刚才双方的辩论，大家都会认同我方的观点，那就是'煤炭是能源而不是资源'。有关这一观点的论据，我方刚才已经列举了许多，想必大家现在都已经了然于胸，在此我就不一一赘述了。就在刚才辩论的过程中，对方辩友的许多论据其实如果从辩证唯物主义的角度来看，也从侧面佐证了我方的观点。当然，我方认为煤炭是能源而不是资源，并不是一种形而上学和自卖自夸的观点，我们之所以这样认为，是从矛盾论和实践论的角度来分析问题的。首先，我们认为煤炭既有能源的属性，也有资源的属性，但从事物的主要矛盾来看，煤炭的主

辩
一
二
三
四

会

要属性还是能源，当然我们说煤炭是能源而不是资源，并没有否定它的资源属性。另外，从实践论的角度看，将煤炭作为一种能源来使用，远比将其作为一种资源来使用，更能给人以亲切和温馨的感觉。大家试想一下，在寒冷的冬日，当我们在塞外的小城围坐在暖乎乎的火炉前，炉子上面是我们温的美酒，炉内是烧得红红的煤炭，我们把酒言欢，激扬文字，畅谈人生，我想，在座的每一位都不会觉得煤炭不是能源吧？我的总结陈述就到这里，谢谢大家！”

正方四辩说完之后，向大家鞠躬致意，这才落座。

现场的评委和观众随即报以热烈的掌声。确实，正方四辩太厉害了。她在不经意间通过哲学的方法论，再巧妙地偷换概念，特别是最后的情景再现，三者巧妙地融合，便取得了很好的总结效果。

艾科学在心里大呼过瘾的同时，也急切地想知道，反方四辩又会带给自己和现场观众一种什么样的逻辑体验。

只听主持人说道："刚才正方四辩给了我们一个非常完美的总结陈述，那么此时此刻，我相信在场的每一位观众，包括我们的评委老师，都很期待反方四辩究竟能做出什么样的陈述？有请反方四辩！"

反方四辩是一位瘦瘦高高的大男孩，只见他不慌不忙地站起来，同样向在场的评委和观众致意，又似乎特意向艾科学这里看了看，这才微微一笑，开始了自己的总结陈述。

"尊敬的各位评委、主持人，刚才对方辩友总结得非常好，正如主持人所说的那样，确实非常完美。对此，我方完全赞同……"

听到反方四辩如此开始自己的总结陈述，现场的观众不由得为反方捏了一把汗。要知道这可是总结陈述阶段，大家心想这个反方四辩不会是糊涂了吧！怎么能这样说话呢？他们既然完全同意正方四辩的观点，那就是同意正方的观点，如此一来，还辩论什么呢?

艾科学听到这位反方四辩大哥哥的话语，她最初的反应也是心里一惊。不过，她的心思格外灵动，觉得眼前这个大哥哥肯定没有这么笨，或许正是这位大哥哥的别出心裁之举呢?

果然，现场的评委和主持人并没有像观众那样发出叹息声，他们的判断和艾科学是一致的，反方四辩既然能被自己的队友所信任，而且又是在关键的总结阶段，相信这个反方四辩会给大家带来意外之喜。

“但是……”就在现场气氛有些不同寻常的时候，这个大男孩又开始了自己的总结陈述:“我想说的是，我方赞同对方，不是因为对方的观点正确，相反，我方认为对方的观点是我方观点的低级阶段，正如刚才对方辩友所说的那样，煤炭既有能源的属性，也有资源的属性，正因为如此，我们今天就这个辩题展开辩论才有价值，否则就是一种诡辩，一种观点的哗众取宠罢了。”

原本正方四辩及其他三位辩手还有些沾沾自喜，特别是当这位反方四辩说到完全赞同他们时，他们更是觉得稳操胜券。可是，风云变幻莫测，这才一会儿工夫，这“天”似乎要变了。

现场的观众也停止了交头接耳，开始认真地聆听反方四辩的观点。

“刚才正方四辩提到了实践论，很好，那我方就从实践论的角度来阐述这个问题。我刚才说了，煤炭是能源而不是资源这个观点是我方观点的低级阶段，正如人们对事物的了解和认识那样，都会经历认识—实践—再认识—再实践这样反复循环的过程，而每一次循环都是对事物认识的进一步深化，而这进一步深化的认识则又会对新的实践产生指导，如此一来，反反复复，来来往往，事物才能不断取得发展，人们对事物的认识才能不断取得新的进步。从这个角度来讲，我们认可对方的观点其实是一件自然而然的事情，毕竟，我方的观点才是对方观点的更高阶段，即煤炭是资源而不是能源！这是一种全新的、脱胎换骨般的新认识、新见解！我相信，只有有了这样的认识，我们才能摒弃以往对煤炭的狭隘认识和偏见，才能在继续利用好其能源属性的同时，更好地开发其资源属性，或者说，把煤炭作为一种资源，借此打通能源与材料，甚至与其他一系列相关学科领域之间的界限，那样我们岂不是功莫大焉？”

现场再次爆发出一阵雷鸣般的掌声。

艾科学也是非常激动地拍着自己的小手，使劲地为这位大哥哥鼓掌，忽然间，她心中的那个难题也得到了完美的解决。

就在她心满意足地准备起立时，耳旁传来了熟悉的闹钟铃声：“青草香，浆果甜，喝着露水靠着树；抬起头，踮脚尖，加快我长大的脚步……”

新的一天又在充满着无限希望和憧憬中来临了。

Chapter 13

制作欣赏科普微视频

尽管温素珍对艾科学的培养一贯坚持素质为先、成绩为辅的教育理念，但面对社会上形形色色的辅导班，她终究还是不能免俗。不过，好在家里的氛围还是非常民主的，在征求了艾科学的意见后，温素珍最终为女儿选报了声乐、钢琴和舞蹈三门课程。

今天又是一个难得的周末。艾科学在妈妈的陪伴下，参加了钢琴四级考试。最近一段时间，因为要备考，艾科学着实非常用心和刻苦地练琴。有好几次，温素珍看着女儿疲惫而略显憔悴的小脸，她都有些不忍心。甚至有一两次，她都建议艾科学干脆放弃考试。

当艾科学听到妈妈这样说时，大大的眼睛里满是疑问和不解。不过，她到底是一个非常聪明的孩子，她也知道妈妈是担心自己太辛苦、太累了。于是，她便撒娇地说道:“妈妈，怎么了？平时您不是经常教育我说，‘宝剑锋从磨砺出，梅花香自苦寒来’‘吃得苦中苦，方为人上人’，嗯，还有什么‘世上无难事，只要肯登攀’……”

温素珍听了艾科学的话语，又是心疼，又是想笑:“好了，妈妈是担心你太累了，没想到你居然还会‘以彼之道还施彼身’。算了，妈妈说不过你，只要你自己觉得没有问题，那妈妈和爸爸就继续支持你。嗯，你好好练习，妈妈就做好你的‘后勤部长’，给你做最爱吃的松鼠鳜鱼和拔丝香蕉来犒劳你。”

考试结束，温素珍看着艾科学一脸雀跃的神色，就知道她考得不错。其实，在考试之前，钢琴培训学校的缪老师就对温素珍说过，艾科学是难得的对音乐极有天赋的好苗子，别说是钢琴四级，假以时日，就是十级也不在话下，甚至艾科学将来都可以考虑以钢琴专业为自己的毕生事业追求。

缪老师对艾科学评价很高，说实话，温素珍尽管心里对女儿有信心，但当亲耳听到时，还是不由得吃了一惊。虽然她也觉得自己的孩子很优秀，但女儿毕竟还小，充其量是“小荷才露尖尖角”，她的心里时不时地有些打鼓和忐忑。一场考试未必能反映出选手的全面素质，但不可否认的是，一个人的各种素质需要类似这样的考试来加以证明。

“妈妈，考试结束了，下午我想去找雨轩哥哥。”艾科学忽然对拉着自己小手的母亲说道。

“哦？为什么呀？”温素珍的沉思被艾科学这句请求的话语惊醒了。

“嗯，上次雨轩哥哥表演的科普剧非常棒，我应邀去观看了，而且也答应要给他做一个点评呢。”艾科学笑着说道。

“是吗？我们小可这么厉害啊！他们的科普剧居然

要你来点评？”温素珍有些不相信地问道。

“妈妈，是真的，我没有骗你。当时负责他们科普教学的白老师说了，这样一场面向儿童的优秀科普剧，除了要得到相关专业老师的认可，更重要的是，要有来自第一线的小朋友的真情实感和发自肺腑的中肯评价。白老师这么说了，雨轩哥哥自然就想到我了。我都答应他了，要是再不去的话，他就该说我说话不算话了。”艾科学有些着急地解释道。

听到女儿如此解释，温素珍笑道：“好的，看来我们小可，真是越来越厉害了，妈妈都对你刮目相看了。既然答应了人家，那我们就要做到‘言必信，行必果’，好了，妈妈现在就送你去雨轩哥哥家。”

路上，艾科学和秦雨轩通了电话，得知他在家，便和母亲赶了过去。

到了秦雨轩的家里，艾科学顾不得和秦雨轩的妈妈梁阿姨打招呼和寒暄，像一只灵巧的猫儿似的，一下子就和秦雨轩钻进了书房，弄得一旁的温素珍和梁晓燕一头雾水。

“素珍，你看，你们家小可都被我们家雨轩给带坏了，”顿了顿，梁晓燕继续说道：“原本是一个多么温婉贤淑的小公主啊，得，一见了秦雨轩这个混世魔王，这个淑女劲儿都跑到爪哇国去了！”话还没有说完，她自己倒是先笑了起来。

温素珍一怔，觉得梁晓燕说得很有道理，艾科学今天确实有些不对劲儿，但具体哪里不对劲儿，她却又说不出来。

于是，她只好顺着梁晓燕的话语说道：“孩子嘛，还小呢，调皮捣蛋倒也正常啊。”说完，她就自顾自地坐下来。

正在这时，梁晓燕的电话响了。她接起电话，不由得神色一喜，笑着说道：“哎呀，雨荷，真是好久不见了，难得你打来电话。……谁？素珍？她呀，刚好在我这里。……什么？只有 3 个小时的时间？哎呀，你怎么回事呀，好不容易来一趟，还又安排得这么仓促。……好，好，我和素珍马上过来，一会儿见！”

温素珍在梁晓燕接电话的过程中，已经知道打电话的人是大学同宿舍的华雨荷了。华雨荷在大学毕业后就出国了，多年来一直杳无音信，想不到今天居然会接到她的电话。

“素珍，快走，华雨荷从国外回来了，说是到咱们东州谈一个什么项目，不过她的时间安排得太紧凑了，只空出了 3 个小时。咱们现在出发，去和她聊一聊。”梁晓燕一面说着，一面又到了书房，继续说道：“雨轩，妈妈和素珍阿姨出去一下，一会儿就回来。雨轩，你可不许欺负小可妹妹啊！”

秦雨轩和艾科学不知道正在电脑上鼓捣什么玩意儿，听到梁晓燕的话，秦雨轩头也没有抬就说道：“放心吧，妈妈，我会好好照顾小可的。”艾科学也适时地来了一句:“放心吧,梁阿姨,还有妈妈,我们会乖乖的。”

等到客厅的防盗门“咔嚓”一声关闭后，秦雨轩和艾科学不约而同地来了一个击掌，嘴里大喊道:“耶!这下子我们自由了，马上开始我们的科普微视频制作观赏之旅吧。”

原来，艾科学今天来这里的主要目的是为在马来西亚举办的国际科普剧表演大赛做准备。按照主办方的要求，需要提供一段科普微视频。之前，他们已经讨论过好多次了，也得到了白老师的大力支持。今天，艾科学之所以会着急地来到秦雨轩家，除了要完成之前答应秦雨轩提出的对他们之前表演科普剧的个人意见，还有就是这个微视频基本就要定稿了，他俩打算在定稿前再好好地完善一下，然后再征求一下参与本次国际科普剧表演大赛的队员的意见，待他们也都同意之后，将会把微视频发给白老师审定。如果这些程序全部顺利做完，他们还打算请东州市的科协主席李昊最后把关，然后再提

交给比赛主办方。

秦雨轩熟练地点开播放软件，便和艾科学一起屏息静气地等待着，就像等待清晨的那轮即将喷薄而出的红日一样，满是希冀，满是渴望……

Chapter 14

一次难忘的中队会

根据学校和少先队大队部的安排，艾科学所在班级今天下午的第一节课是中队会。本次中队会的主题是“从你我做起，共同做美丽环境的守护者”。

班主任温小青老师对学生们说道：“同学们，今天我们计划利用一节课的时间，开展一次主题队会。队会的主题事先已经告诉大家了，会前我看到我们的中队委们利用课余时间认真收集材料，积极开展准备工作。今天呢，就是他们向全班同学展示成果的时候了。下面，我们首先有请李小龙和肖亚妮两位同学，大家欢迎！”

两位同学在班主任点名之后，快步来到讲台前。

李小龙平日里虽然有些大大咧咧，时不时地喜欢扮个鬼脸、做些恶作剧之类的以此来吸引其他同学的注意，可是今天，当他正式地站在讲台上，看着教室里近50名同学和温小青老师满含期望的目光时，一瞬间，竟有些紧张。

“大家……好，我是李小龙，我……我今天要给大家……分……分享的是……”李小龙结结巴巴地开始了自己的讲解。尽管已经是深秋，他却满头大汗。

坐在台下的艾科学看到李小龙这样，不由得向他投去了鼓励的目光。说来也奇怪，刚才还紧张的李小龙，在看到艾科学鼓励的眼神之后，竟然很快调整了过来。他长长地呼了一口气，平静了自己的思绪，很是流畅地继续说道：“各位同学，大家好，我今天给大家分享的是我的一点个人心得体会。”

同学们也很是奇怪，李小龙刚才还紧张得结结巴巴，怎么一下子就谈吐流利起来了？站在李小龙旁边的肖亚妮却知道是怎么一回事。就在今天中午，她、艾科学和李小龙三人，就下午要在队会上和同学们分享的内容，认认真真、仔仔细细地又演练了两遍。应该说在预演阶段，李小龙表现得还是很出色的。他对自己要讲的内容也是烂熟于心，只不过刚才这家伙太紧张了。其他同学没有发觉艾科学给李小龙鼓劲儿的眼神，肖亚妮可是看得一清二楚。不过，李小龙这个家伙，还真的是蛮有潜力的。

肖亚妮在心里如此思量的同时，李小龙接着讲道："各位同学，我们生活在这个美丽的星球上，当人类第一次踏上飞往月球的征程时，蓦然回首，宇航员叔叔首先看到的是一颗蓝色的星球，在这美丽的蓝色图画中，夹杂着白色、绿色，嗯，还有黄色和褐色。"

李小龙说到这里，身旁的肖亚妮接了过来："蓝色是我们熟悉的海洋；白色则是冰雪和云层；至于绿色，就是我们地球上覆盖的植被；而黄色和褐色，则是我们人类得以生存的陆地。"

李小龙拿出了两张图片，继续说道："可是同学们，请你们仔细观察这两幅图片有什么差异？"他略微停顿了一下，又继续说道："这两幅图片其实都是从太空看我们的地球时所拍摄的，只不过拍摄的时间不同，其中一张是人类第一次登月时，差不多是在 1969 年的 7 月拍摄的，而另一张则是最近一次宇航员叔叔在太空拍摄的，两张图片拍摄的时间相差 50 多年。"

前排的一名同学张浩举起手，然后站起来说道："李小龙，我感觉你这个好像和我们平时玩的'找不同'的游戏差不多。"

艾科学、肖亚妮还有其他同学一愣，旋即有些心照不宣地笑了起来。嘿，还别说，同样的图片，只是图片的色彩和图形发生了变化，还真的是类似于"找不同"啊！

肖亚妮忍住笑，说道："张浩，你说的很有道理，那么，现在你能告诉大家，这两张图片的具体差异在哪里吗？"

张浩又认真地看了看，这才断断续续地说道："主要是绿色区域似乎少了一些……嗯，还有白色的区域也减少了，不像之前那样雪白纯净……还有些灰蒙蒙的。"

李小龙和肖亚妮点点头，异口同声地问道："那你知道这是为什么吗？"

张浩歪着脑袋，认真地思考了一下，有些不太确定地反问道："难道是因为环境污染？"

李小龙和肖亚妮点点头，说道："你说得有道理，但又不完全对。我们看看，其他同学还有没有补充的？"

班里其他几位同学齐刷刷地举起了手。

李小龙示意自己的好朋友姜大鹏回答。姜大鹏站起来说道："我想应该是我们人类不注意保护环境，破坏了地球上的植被，加上大量工厂的建设，同时环境保护没有同步跟上，再加上刚才张浩说的环境污染，这些因素加起来，才导致了这两幅图片的差异。"

听了姜大鹏的回答，艾科学不由得点点头。同样是

好朋友，李小龙在学习方面比姜大鹏差了不少。不过，最近在自己和肖亚妮等同学的帮助下，李小龙的转变和进步也是有目共睹的。

看着好朋友回答得这么好，李小龙很高兴，激动地说道："Very good，very good!"一旁的肖亚妮看着姜大鹏和李小龙的一呼一应，不由得也笑了。她心想：看来，今天自己和李小龙的这个组合效果还是蛮不错的嘛！

此时，坐在台下的班主任站了起来，说道："同学们，刚才李小龙和肖亚妮同学，从两幅图片着手，通过启发式的模式，让大家一起思考，在具体对比图片差异之后，进一步探寻差异背后的原因，我觉得他们的这个思路非常好，很有新意。通过他们的启发和大家的思考，我相信同学们对保护环境的重要性有了更进一步的认识，那么接下来，我们有请艾科学同学来展示今天队会的后半场内容，大家欢迎！"

艾科学站起来，在同学们的掌声中，快步走到了讲台前。艾科学从同学们热切的掌声中可以感受到，她在同学中还是很受欢迎的。

艾科学熟练地打开教室的多媒体设备，在桌面上点开自己事先制作好的一个演示文稿，然后伴随着演示文稿的展示，开始了她的演讲。

“同学们，非常高兴能有这样一个机会和大家一起分享我的心得体会及最新的课余研究成果。大家都知道我平时特别喜欢学习科学知识，到底有多喜欢呢？”她调皮地眨了眨眼睛，开了一个小玩笑：“我的名字里就有‘科学’二字，这下子你们都知道我是有多喜欢科学了吧！”

台下的同学会心地一笑。

艾科学继续说道：“我们今天队会的主题是‘从你我做起，共同做美丽环境的守护者’。刚才李小龙和肖亚妮两位同学给大家看了两幅差异很明显的图片。通过大家的讨论和老师的点评，我们明白了保护环境的重要性。可是，作为一名小学生，我们又该如何发挥自己的作用，如何尽自己的一份力量，成为名副其实的环境守护小使者呢？”

艾科学一边说着，一边用激光翻页笔遥控地播放着演示文稿。

随着演示文稿演示，她继续说道：“我想，首先，我们大家要树立起保护环境是我们每个同学的责任的意识；其次，我们要从自身做起，珍惜每一张纸，因为这雪白的纸张可是用木材制成的。如果大家都能做到避免用纸浪费，那就可以节省很多的资源了。同样，我们也要做到离开教室或家时，主动关闭电源。日积月累、积少成多，一年下来，我们节约的电能也是一个非常可观的数字。大家请看，目前我们所用的电能大多都是通过煤炭燃烧发电而得到的。如果我们减少了对电能的使用，那我们也就间接地减少了对煤炭的使用，如此一来，因为煤炭使用而导致的环境污染问题也会大为好转，我们的环境又怎么能不变好呢？”

同学们随着艾科学的讲解，逐渐陷入了沉思。大家觉得艾科学讲得很有道理，而且所讲述的内容完全是可以通过个人努力做到的。大家没有想到，原来只要自己努力，即使是一个小孩，也可以为保护环境做出自己独特的贡献。

“各位同学，以上就是我的一些思考。尽管讲了很多，但我觉得还不全面，我相信，只要我们每个同学都能够积极地行动起来，充分发挥自己的聪明才智和主观能动性，那么，在未来，我们肯定还会有更好的保护环境的举措，也肯定会将我们周围的环境、我们赖以生存的地球保护得越来越好。我的发言到此结束，谢谢大家！”

就在艾科学鞠躬致意的时候，台下的温小青老师率先鼓起掌来，紧接着，同学们也使劲儿地鼓起掌来。掌声飞出教室，越过校园，飘向远方，飘了很远很远……

Chapter 15

我们都要做科学家

特色主题中队会结束后不久，艾科学就敏锐地发现，不单是她所在的班级，放眼整个东州快乐小学，一种热爱科学、探究科学的氛围正逐步形成。

这天下午课间活动时，几个高年级的同学正在交流的话题吸引了艾科学的注意。她和肖亚妮稍微走近一些，认真地听了一会儿，便明白了。原来这几位同学正在就最近网络上传得火热的高端芯片技术贸易摩擦事件展开热烈的讨论。

对于这一话题，艾科学并不陌生，毕竟父母都是从事科研工作的，虽然并不直接涉及这一领域，但对此事件仍比较关注。当前，我们的祖国正在努力实现民族复兴的伟大事业，而要实现这一目标，能否充分发挥科学技术的重要作用就显得尤为关键和急迫。

现在同学们谈到的贸易摩擦事件，艾科学之前已经向刘国栋爷爷请教过了。刘爷爷当时很慈爱地抚摸着她的头发，言辞平缓但非常坚定地说道："小可啊，当前，全球科技创新已经进入了一个空前活跃的时期，新一轮科技革命和产业变革正在孕育。与此同时，全球贸易保护主义又开始抬头，特别是最近国际上有的国家与我国的贸易争端已经暴露出我国在关键领域和关键核心技术上确实存在短板，如此一来，也就更加凸显出我们必须加快提升自主创新能力的紧迫性和重要性。"

说到这里，刘国栋拿出一篇已经被他用不同颜色的笔迹标注的文章来，他指了指，让艾科学重点看自己用红笔标注的部分。

艾科学平时就特别喜爱读书，所以尽管只是小学生，但她的阅读能力和识字量却不亚于一个初中生了。也正因为如此，刘国栋才会把这篇文章推荐给她看。

看着艾科学读得津津有味，刘国栋非常欣慰。

艾科学很快就看完了，她抬起头来，询问道："刘爷爷，从您给我的这篇文章中，我觉得我们这样一个有着悠久历史的文明古国要实现整个民族的伟大复兴，要屹立于世界民族之林，需要我们加快科学技术的自主创新步伐，要不然，我们的命运就始终不能完全地掌握在自己的手里。"顿了顿，她又接着说道："就比如我刚才向您请教的贸易摩擦事件，这种在关键时刻被别人'卡住脖子'的情况，着实让我们难以忍受，也让我们绝不能掉以轻心。"

听到艾科学这样说，刘国栋的眼睛不由得一亮，艾科学在他的心目中的确比一般的孩子早慧，但没想到对待这样的时事类话题，她竟然也有如此到位的见解和认识，那就不得不让人刮目相看了。

想到这里，他笑眯眯地看着艾科学，继续问道："小可，你讲得很好，那么你觉得，我们这样大的一个国家，要避免出现这篇文章中提到的问题，又应该怎么办呢？”

艾科学听了刘国栋的话，没有急着回答，相反却陷入了沉思。而就在她专注地沉思时，她胸前的煤炭精灵王国授予的勋章再次发挥了作用。她的眼前忽然出现了两个大字——人才。

对啊，自己怎么就没有想到这一点呢？无论做什么事情，人永远都是最关键的因素之一。而对于建设世界科技强国而言，人才的重要性更是不言而喻的。

想到这里，艾科学倏忽间又清醒了过来，脱口而出道：“刘爷爷，我觉得关键是人才。古人不是说过：‘我劝天公重抖擞，不拘一格降人才’，我们国家要是真的有不计其数的人才，那么，岂不是就大有希望了吗？我们要实现民族的伟大复兴不就指日可待了吗？”

听到艾科学这样说，刘国栋激动地从自己的椅子上站了起来。真是奇才啊！他一边兴奋地来回踱步，一边高兴地在心里默念道：孺子可教也，孺子可教也。

艾科学一直就有做一名科学家的理想，现在，经过和刘国栋爷爷的深入交流，她愈加坚定了自己的信心和决心。

现在，当她和肖亚妮站在几位高年级同学的身后时，忍不住说道："大哥哥、大姐姐，其实你们说的问题，我倒是有一个解决办法。"

几位高年级的同学正激烈地讨论着，冷不丁从身后传来了声音，不由得一愣神，待到看清是艾科学时，旋即笑了。应该说，最近一段时间，艾科学可成了东州快乐小学的名人了，所以大家对她并不陌生。

"艾科学，你有什么办法？"高年级的同学兴致勃勃地问道。

"我将来想成为一名科学家，对，我们大家都可以根据自己的兴趣爱好，选择做一名自己感兴趣领域的科学家，如果这样，那你们刚才谈论的话题就迟早能够解决的。”艾科学充满自信地回答道。

高年级的几位同学听了，仔细想想，也确实是这么一回事。正所谓“临渊羡鱼，不如退而结网”，与其在这里夸夸其谈，倒不如真的像艾科学说的那样，从现在就开始努力，认真学好每一门功课，脚踏实地、刻苦钻研，争取早日成长为一名对国家、对人民有益的科学家，通过自己的所思所学来报效祖国，如此，岂不是非常有意义?

几位高年级的同学点点头，说道："艾科学，你讲得很有道理。我们都要做科学家！”说完，他们伸出自己的双手，艾科学和肖亚妮也把自己的双手放了上去，大家激动地说道："让我们从现在做起，刻苦学习，努力拼搏，早日成为一名科学家！”大家的双手紧紧地攥在一起，心也紧紧地贴在了一起。

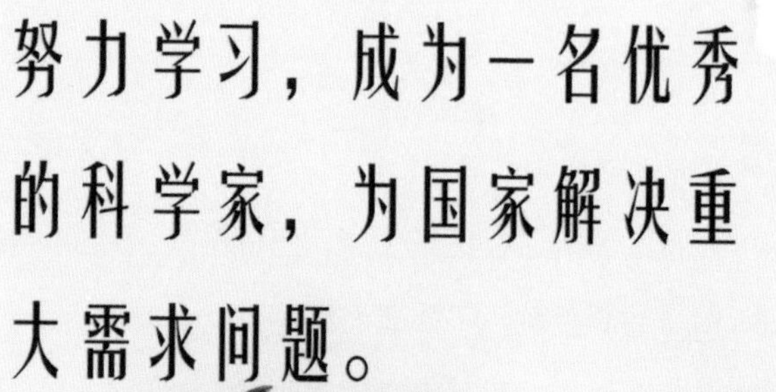
努力学习，成为一名优秀的科学家，为国家解决重大需求问题。

片贸易摩擦如何解决?

Chapter 16

疑窦丛生

艾峰刚刚按照园区内的标志停好车，还没有来得及解开安全带，外面就有人帮他打开了车门。

他一转身，就有一张年轻的脸映入自己的眼帘，笑靥如花。他仔细想想，自己似乎并不认识这名女子。

“你是？”艾峰一面说着，一面赶紧解开安全带，从驾驶位上起身。毕竟他是一名科学家，也是一位颇懂绅士之道的男士，没有理由让一位素昧平生的女士为自己这样服务。

那女子看到艾峰这样，笑着说道：“艾主任好，我是夏氏集团总裁办公室主任柳茹梦。夏总裁正在接听一个非常重要的电话，本来她要亲自下来接您的。”看着柳茹梦细心地用右手扶着车门边框，艾峰心里也明白了，原来眼前这位女士是夏氏集团的员工。这样一来，事情倒是清楚了很多。

去年早冬的时候，在艾峰出差时，女儿艾科学因为一个科学问题，去清江省煤炭科学研究总院找了他的老师刘国栋院长请教。据后来妻子所说，就在那天下午，母女二人和刘老师用完午餐回来，在实验室的门口碰到了夏氏集团的夏满天副总经理。为了一个夏氏集团拟开工建设的项目，这个夏满天居然带着一些不良人士堵在了刘老师的办公室门口，并且态度蛮横地要求刘老师在相关文件材料上签字。最后好在夏氏集团的甜甜，也就是刚才这个柳茹梦口中提到的夏总裁及时赶到，事情才没有往更糟的方向发展。

后来，刘老师也和艾峰谈了他与夏甜甜后续的一些会面情况。应该说，夏氏集团自从将权力棒交到夏甜甜手中后，集团的理念也在逐步发生一些可喜的变化。比如，夏氏集团之前一味地以追求产值和利润为终极发展目标，全然不顾企业应该承担的社会责任和应该履行的环境保护义务，虽然上马了许多项目，为地方经济发展做出了一定贡献，但这些项目多数是一些粗放型的项目，仅是对煤炭或其他资源的初级和简单加工而已。

应当说，这些项目在金融危机来临之前还是收益很明显的。也正是因为如此，整个夏氏集团从上到下，根本无人关心可持续发展的理念，他们知道把地下的资源挖出来卖掉就能获得令人眼热心跳的财富，就会让集团上下赚得盆满钵满。既然如此，又何必费心劳神地去搞什么技术研发呢？更不用说未雨绸缪，提前部署和谋划整个集团的产业升级换代问题了。

好在夏甜甜还是极为清醒的。艾峰通过老师的转述，了解到 2018 年夏氏集团计划上马的一个项目就是很好的例证。可惜，因为东州市民众的科学素养尚待提高，再加上那个项目的前期论证不够充分，还有项目本身投资巨大，最终项目计划还是流产了。

不过，夏甜甜通过与刘国栋和国内外其他相关专家的不断交流，愈发坚定了夏氏集团转型的决心。在她看来，集团眼前面临的困境既是警钟，更是难得的发展机遇。如果夏氏集团能够上下一心，抓住这个重要的转型机遇期，那么集团将会涅槃重生，迎来新的、更大的发展机遇。但是，如果大家还没有足够的危机意识，仍旧是固守以前的发展理念，跟不上时代潮流，那么距离集团被市场无情地淘汰也就为时不远了。

这些情况，艾峰是完全了解的。这也是他今天会出现在这里，出席夏氏集团企业转型发展暨战略研究高端研讨论坛的原因。

艾峰心里也明白，夏甜甜大概是遇到困难了。虽然夏氏集团的管理层对企业转型有了一个新的认识，但毕竟积重难返，多年养成的思维习惯是难以一下子完全转变过来的。

夏甜甜也意识到这一点。上次她解除了同父异母的弟弟夏满天在下属公司的副总经理职务，就在集团内部引起了一阵非议。夏满天虽然没什么真才实学，但这个人平时比较讲义气，所以在集团内部还是有些支持力量的。夏氏集团内部派系林立，这个情况在集团整体处于盈利状态时，还表现得不够明显，但现在集团遇到了困境，各种牛鬼蛇神、魑魅魍魉都“跳”出来了。

2018 年计划上马的项目已经流产，虽然是多种因素导致的，但不可否认的是，这一项目没有如期上马也对夏甜甜的威信产生了一定程度的不利影响。她敏锐地发现，最近一段时间，自己在董事会上的话语权明显地受到了挑战。

多少个不眠之夜，当夏甜甜辗转反侧的时候，她都有一种无力之感。父亲已经永远地离开了自己，她再也不能在他的庇护下开展工作了。以前，每当遇到这种难以抵御的“风霜雪雨”的时候，她就会本能地向父亲寻求帮助，父亲也会用自己那宽阔的胸膛为她遮风挡雨。

可是现在，面对集团所处的困境，她第一次觉得个人的力量真是有限的，商海里的尔虞我诈、诡谲叵测，让这个昔日的女强人有些不知所措了。

不过，夏甜甜是非常聪明的。既然集团内部出现了问题，她暂时控制不了这复杂的局面，那她可以寻求外部力量的支持啊。最近一段时间，夏氏集团的外部宣传部门通过主动出击，已经先后在清江省的清江卫视、《清江日报》，还有东州市电视台、《东州日报》等省内、市内的主要媒体上频频发声，对集团新的发展理念进行大力宣传，力求短时间内改变外界对夏氏集团的固有看法。

与此同时，夏甜甜还主动拜会省市主要领导、银行业高管和相关专家学者，既向他们表露出自己愿意带领夏氏集团转型的决心和信心，也广交朋友、广开言路，虚心向他人求教，请专家为夏氏集团未来的发展“把脉问诊”，提供可资借鉴、可供决策的参考依据。

作为新一代的商界翘楚，夏甜甜自然也不会忽视发挥新媒体的作用。夏氏集团已经开通了官方微博和微信公众号，目的就是通过网络渠道，第一时间把集团最新的讯息传达出去；同时，也便于集团第一时间收集和回应网民的留言和意见、建议。

应该说，夏甜甜这“三板斧”下去，效果还是非常明显的。对外，集团公司新的正面形象正在树立；对内，反对的“杂音”也少了很多。看到局面已经稳定下来，夏甜甜明白，现在该是自己再次发力的时候了。她必须抓住这个难得的发展机遇，快刀斩乱麻地为集团未来的发展定好位、掌好舵。

艾峰随着柳茹梦的引领，快速地向会场走去。

在路上，他不由得想到了自己最近正在开展的课题研究。这个课题就是围绕资源型城市转型而展开的。应当说，夏氏集团虽然只是东州市的一个企业，但从它的身上能够折射和反映出许多东州市自身发展的规律来。

麻雀虽小，五脏俱全。如果能够很好地厘清夏氏集团发展的症结所在，那么，对东州市开展转型工作也是大有裨益的，毕竟“管中窥豹，可见一斑”。

艾峰的脑海里不由得浮现出一些自己刚刚查阅的信息来：2017 年，我国城市数量为 657 个，相关研究结果与资料显示，当年我国的资源型城市数量是 262 个，这些城市占全国城市数量的 39.88%。如此庞大数量的资源型城市，如果转型问题没有得到很好的解决，后果将不堪设想。尽管国家和相关的资源型城市的领导都已经意识到必须转型，也进行了有益的探索和尝试，但是，与资源型城市转型的迫切需求相比，国内无论是在理论研究方面，还是在实践探索方面，都还有很长的一段路要走。

艾峰来到会议室，发现里面已经坐了好多人。艾峰看了看，发现有许多自己认识的国内知名专家和学者。更让他觉得惊喜的是，本次研讨会还邀请了几位国际知名专家。东州市主管工业的市委常委、常务副市长龚波也来了。看得出来，东州市对夏氏集团召开的这次研讨会是非常重视的。

艾峰正要和在座的人员打招呼，忽然，门口又进来一个人。哎？她怎么会出现在这里？她的研究领域貌似和夏氏集团，甚至和东州市都没有很大关系啊！想到这里，艾峰不由得疑窦丛生，硬生生地停住了自己的脚步，因为这个人正面含微笑地向他走过来。

欲知后事如何，请继续关注本系列图书。